現場で使える！

Python（パイソン）

機械学習入門

機械学習アルゴリズムの理論と実践

大曽根 圭輔、関 喜史、米田 武 ＿＿著

JN197923

SE
SHOEISHA

AI
AI TECHNOLOGY

本書内容に関するお問い合わせについて

このたびは翔泳社の書籍をお買い上げいただき、誠にありがとうございます。
弊社では、読者の皆様からのお問い合わせに適切に対応させていただくため、以下のガイドラインへのご協力をお願い致しております。
下記項目をお読みいただき、手順に従ってお問い合わせください。

●ご質問される前に

弊社Webサイトの「正誤表」をご参照ください。これまでに判明した正誤や追加情報を掲載しています。

正誤表　https://www.shoeisha.co.jp/book/errata/

●ご質問方法

弊社 Web サイトの「刊行物Q&A」をご利用ください。

刊行物 Q&A　https://www.shoeisha.co.jp/book/qa/

インターネットをご利用でない場合は、FAX または郵便にて、下記翔泳社愛読者サービスセンターまでお問い合わせください。電話でのご質問は、お受けしておりません。

●回答について

回答は、ご質問いただいた手段によってご返事申し上げます。ご質問の内容によっては、回答に数日ないしはそれ以上の期間を要する場合があります。

●ご質問に際してのご注意

本書の対象を越えるもの、記述個所を特定されないもの、また読者固有の環境に起因するご質問等にはお答えできませんので、予めご了承ください。

●郵便物送付先および FAX 番号

送付先住所　　〒160-0006　東京都新宿区舟町5
FAX 番号　　　03-5362-3818
宛先　　　　　㈱翔泳社 愛読者サービスセンター

はじめに

　「人工知能がビジネスに変革をもたらす」といわれはじめて久しくなりました。ビジネス界から注目されているためか、世界中の人々がこぞってこの分野に参入してきています。一般向けの文書から専門家向けの論文、はたまた真偽が曖昧な記事まで、世の中は人工知能に関する情報で溢れかえっています。結果として、全く知識のない状態から独学で取捨選択しながら学びはじめるのが非常に難しい状況となっています。

　本書の執筆時点において、ビジネスの文脈で登場する「人工知能」と呼ばれるものの多くは、本書のメインテーマである「機械学習アルゴリズム」「機械学習モデル」そしてそれらを一般ユーザに提供する「システム」のことを指しています。従って、実際に人工知能をビジネス適用するためには、機械学習アルゴリズムの理解と、実際にシステムを構築するための手順を理解している必要があります。

　本書では、機械学習を利用する上で最もよく用いられているプログラミング言語「Python」を用いて、アルゴリズムの理解のみならず、実際にデータを操作し、機械学習モデルを作成する手順をゼロから学んでいきます。それにより、機械学習を実際にビジネス適用するためのベースとなるスキルを本書を通して身につけることができると期待しています。またそれだけでなく、人工知能や機械学習が「技術的に何を指しているのか」「何が得意で何が不得意なのか」といった勘所を身につけることができるでしょう。

　この先、より一層人工知能・機械学習に対する需要が高まることは想像に難くありません。機械学習のスキルを身につけて新しいフィールドにキャリアアップしていきたい、そんなITエンジニアの方だけでなく、将来データ分析の専門家として活躍していきたいと考えている学生の方まで、多くの方々に本書を手に取っていただき、そのキャリアに少しでもお役に立てたら幸いです。

2019年5月吉日
執筆者一同

INTRODUCTION **本書の対象読者と必要な事前知識**

　人工知能関連のプロダクト・サービスの開発において、機械学習は最初の学習領域です。

　本書は、機械学習の基本と実践手法について解説した書籍です。

　機械学習の開発環境の準備、実際の現場での利用方法、そしてブラックボックス化しがちな理論部分もしっかりフォローしています。データ集計・整形と組み合わせた機械学習モデルの利用方法も解説しています。

- Pythonの基本的なプログラミング知識
- 大学初年度で習う線形代数や微分積分の知識

INTRODUCTION **本書の構成**

　本書は4章構成で解説しています。

　第1章では、機械学習を行う上で必要となる環境構築と機械学習に必要なPythonの基本について解説しています。

　第2章では、教師あり学習と教師なし学習についてサンプルをもとに解説します。

　第3章では、教師あり学習と教師なし学習に関連する機械学習モデルについて解説しています。主要な機械学習モデルの理論を数式と絡めて説明し、その理論をもとにしたPythonにおけるコーディング手法を説明しています。

　第4章では、データの集計、整形方法と実際の機械学習モデルへの利用方法について解説しています。

About the SAMPLE — ## 本書のサンプルの動作環境とサンプルプログラムについて

本書の各章のサンプルは **表1** の環境で、問題なく動作することを確認しています。なお、本書はmacOSの環境を元に解説しています。pipコマンドによるライブラリのバージョンを指定したインストール方法はP.049を参照してください。

表1 実行環境

項目	内容	項目	内容
OS	mac OS Sierra /Moheva	Pandas	0.24.2
Python	3.6.1/3.6.2/3.7.0	Pillow	6.0.0
graphviz	2.40.1	scikit-learn	0.20.3
NumPy	1.16.2	SciPy	1.2.1
matplotlib	3.0.3	seaborn	0.9.0
mecab	0.996	swig	3.0.12
mecab-ipadic	2.7.0	開発環境	Homebrew（バージョン2.1.1）
mecab-python3	0.996.1		IPython（バージョン6.2.1〜7.4.0）
			jupyter（バージョン1.0.0）

付属データのご案内

付属データ（本書記載のサンプルコード）は、以下のサイトからダウンロードできます。

付属データのダウンロードサイト
URL https://www.shoeisha.co.jp/book/download/9784798150963

注意

付属データに関する権利は著者および株式会社翔泳社が所有しています。許可なく配布したり、Webサイトに転載したりすることはできません。

付属データの提供は予告なく終了することがあります。あらかじめご了承ください。

● 会員特典データのご案内

会員特典データは、以下のサイトからダウンロードして入手いただけます。

● 会員特典データのダウンロードサイト
URL　https://www.shoeisha.co.jp/book/present/9784798150963

● 注意

会員特典データをダウンロードするには、SHOEISHA iD（翔泳社が運営する無料の会員制度）への会員登録が必要です。詳しくは、Webサイトをご覧ください。

会員特典データに関する権利は著者および株式会社翔泳社が所有しています。許可なく配布したり、Webサイトに転載したりすることはできません。

会員特典データの提供は予告なく終了することがあります。あらかじめご了承ください。

● 免責事項

付属データおよび会員特典データの記載内容は、2019年4月現在の法令等に基づいています。

付属データおよび会員特典データに記載されたURL等は予告なく変更される場合があります。

付属データおよび会員特典データの提供にあたっては正確な記述につとめましたが、著者や出版社などのいずれも、その内容に対してなんらかの保証をするものではなく、内容やサンプルに基づくいかなる運用結果に関してもいっさいの責任を負いません。

付属データおよび会員特典データに記載されている会社名、製品名はそれぞれ各社の商標および登録商標です。

● 著作権等について

付属データおよび会員特典データの著作権は、著者および株式会社翔泳社が所有しています。個人で使用する以外に利用することはできません。許可なくネットワークを通じて配布を行うこともできません。個人的に使用する場合は、ソースコードの改変や流用は自由です。商用利用に関しては、株式会社翔泳社へご一報ください。

2019年4月

株式会社翔泳社　編集部

CONTENTS

CHAPTER 1 本書を読む前の準備

本章では本書を読む前の準備として、本書で用いるプログラミング言語であるPython、そして基本的なライブラリをインストールするための方法について述べます。

すでにPythonを用いてソフトウェア開発を行ったことがある方は、本章を読み飛ばしていただいてかまいません。

1.1 Pythonのインストール

本節では本書で用いるプログラミング言語であるPythonのインストール方法について説明します。

1.1.1 Pythonとは

まず簡単にPythonとはどのような言語なのかを説明します。

Pythonは汎用プログラミング言語の1つであり、1行ずつコードを実行していくインタプリタ型の言語です。数値計算、機械学習、自然言語処理、画像処理において外部ライブラリが充実していることから、近年機械学習を行うエンジニアによく利用されています。2019年3月現在、Pythonにおける最新バージョンは3.7.2になります。本書では執筆時点の3.6.2で解説します。

Pythonを用いる際に注意すべき点は、バージョン2系とバージョン3系ではプログラムを記述する方法が一部異なることです。本書ではバージョン2系のPythonをPython2、バージョン3系のPythonをPython3と表記します。

Python2は2020年でサポートされなくなること、またPython3ではPython2におけるいくつかの課題の解決や、有用な新しい機能が導入されていることから、本書ではPython3を使用します。

Python2で書かれたプログラムはPython3で動かないことや、正しく動作しないことがあるため、書籍やWeb上でPythonについて調べるときは、どのバージョンで書かれているかを注意する必要があります。

1.1.2 Homebrewのインストール

Homebrewはmacოსにおけるパッケージマネージャです。Homebrewやその他のパッケージマネージャをすでに使っている方はこの項は飛ばしていただいてかまいません。パッケージマネージャとは、OSに対するソフトウェアの追加、削除、およびそれに伴う依存関係の整理などを行ってくれるソフトウェアです。

本書では最も普及していると考えられるHomebrewを用いますが、macOSにおけるパッケージマネージャには他にMacPorts、Flinkなどがあり、どれを使ってもかまいません。これらのソフトウェアは複数種類インストールすると

OSに不具合を招きますので、Homebrewではないパッケージマネージャを使っている場合はそちらを使ってください。

　Homebrewのインストールは非常に簡単で、ターミナルを立ち上げ、以下のコマンドを実行するだけです。

[ターミナル]

```
$ /usr/bin/ruby -e "$(curl -fsSL https://raw.➡
githubusercontent.com/Homebrew/install/master/install)"
```

　これでHomebrewがインストールされます。Homebrewのインストール方法は今後変わる可能性があるため、公式Webサイトの情報に従って進めてください。

- **Homebrew**
  URL https://brew.sh/index_ja

　Homebrewを使うとソフトウェアのインストールを非常に簡単に行うことができます。

1.1.3　Python3のインストール

　Homebrewを使ってPythonをインストールします。macOSにPythonは標準でインストールされていますが、それはPython2です。

　先述した通りPython2は2020年でサポートが切れること、また主な開発はPython3で行われていることから、Python3を別途インストールする必要があります。

　またシステム標準のPythonはバージョンアップがしづらいことや、OSのバージョンアップに影響を受けてしまうこと、またライブラリのインストールなどで他のソフトウェアにも影響を与えてしまう可能性があることから、Python2を使う場合にもHomebrewを用いてインストールすることを推奨します。

　まず現在のmacOSで使っているPythonのバージョンについて確認しましょう。初期状態であれば以下のようになっていると思います。

[ターミナル]

```
$ which python
/usr/bin/python
$ python --version
Python 2.7.10
```

　/usr/bin/pythonというのはmacOSに標準でインストールされている pythonです。そしてそのバージョンは2.7.10とPython2であることがわかります。

　先述した通り、macOSに標準でインストールされているPythonを使うべきではないこと、またPython3を使うべきであることから、Python2、Python3のインストールを以下のコマンドで行います。

[ターミナル]

```
$ brew install python2
$ brew install python3
```

　それでは、どうなったかを確認しましょう。

[ターミナル]

```
$ which python
/usr/local/opt/python/libexec/bin/python※1
$ which python2
/usr/local/bin/python2
$ which python3
/usr/local/bin/python3
$ python --version
Python 2.7.10
$ python2 --version
Python 2.7.10
$ python3 --version
Python 3.6.2※2
```

※1　Homebrewを更新すると /usr/bin/python の状態になるケースがあります。その場合、以下のサイトなどを参考に設定してください。
　　URL https://qiita.com/Sh1ma/items/efa392f90bbb2a39b11b
※2　本書執筆時点のバージョンです。

python2、python3というコマンドができました。Python3を用いる際は
python3で起動します。pythonのパスはHomebrewのバージョンによって、ま
たPythonのバージョンは今後のバージョンアップによって変わっていきます
が、/usr/bin/pythonから変わっていること、Python3がインストールされてお
り、最新のものがインストールされていることが確認できると思います。このよ
うにPythonのインストールをすることができました。

🔷 1.1.4　仮想環境の構築

Pythonをインストールしたので、すぐPythonを使ったプログラミングをは
じめたくなるところですが、少し立ち止まって仮想環境の構築をしましょう。仮
想環境とは何かを述べる前に、まず構築方法を示します。

［ターミナル］

```
$ mkdir ml-book-workspace
$ cd ml-book-workspace
$ python3 -m venv env
$ source env/bin/activate
```

「ml-book-workspace」というディレクトリを作りました。このディレクトリ
は本書で書くコードを格納するためのディレクトリだと考えてください。その
ディレクトリ内でpython3 -m venv envというコマンドを実行します。こう
するとディレクトリ内にenvというディレクトリができます。そしてsource
env/bin/activateというコマンドを実行します。sourceコマンドはその
ファイルに記載されているコマンドを実行するコマンドです。

これをするとどうなるのでしょうか。Pythonをインストールした時と同様に
Pythonのパスとバージョンを確認してみます。

［ターミナル］

```
(env) $ which python
/Users/ysekky/ml-book-workspace/env/bin/python
(env) $ python --version
Python 3.6.2  # 最新のバージョンがインストールされます
```

Pythonのパスが先程生成されたenvディレクトリ以下に変わりました。バージョンはPython 3.6.2になっています。これが仮想環境です。仮想環境を作るということは簡単にいうと、このディレクトリ専用のPythonをこのディレクトリの`env/`にインストールするということです。

`python3 -m venv env`は`env/`というディレクトリにPython仮想環境を作るコマンドでした。なぜ仮想環境を作るのでしょうか。それは複数のプロジェクトを開発する時に、それぞれのプロジェクトで依存関係が発生しないようにするためです。Pythonの開発では本書で扱うscikit-learnのように多くの外部ライブラリをインストールして使用します。

こうした外部ライブラリの多くはOSS（Open Source Software）で公開されており、頻繁にバージョンアップされます。そしてバージョンアップされることで古いバージョンの機能が使えなくなることも少なくありません。

仮想環境を使うことでプロジェクトごとに使用する外部ライブラリのバージョンを固定することができるので、古いプロジェクトと新しいプロジェクト両方が動作する状況を1つのマシンの中に作っておくことができます。

仮想環境がない状況では、外部ライブラリは1つのバージョンをインストールしておくことしかできません。そのため、1年前に開発していたプロジェクトが、他の新しいプロジェクトにインストールしている外部ライブラリの影響で動かせなくなったり、また古いプロジェクトを動かし続けるために、新しいライブラリを使えないということが起こってしまいます。

以上のような理由からPythonを利用した開発を行う際には、プロジェクトごとに仮想環境を用意することを推奨します。

1.1.5 なぜvenvを使うのか（なぜpyenv、anacondaを使わないのか）

本書執筆時点で、pythonの環境構築方法でインターネット検索を行うと、日本語圏ではpyenv、python-virtualenv、anaconda、pipenvを利用した方法が多くを占めますが本書ではvenvを用いた環境構築を推奨しています。本項ではその理由について説明します。venvを使うことに疑問をいだいていない方は読み飛ばしていただいてかまいません。

pyenvはpythonのバージョンを切り替えることができるソフトウェアです。つまりpythonのバージョンを細かく切り替える必要があるユーザのみが使うべきであるといえます。Python2とPython3は先述した通り共存可能なので、Python2とPython3を使い分けるだけであればpyenvを使う必要はありませ

ん。初学者は特に用いる必要がないと考えられます。

またpyenvと同時に推奨されることの多いpython-virtualenvは、すでにPython 3.3以降はvenvとして標準の機能になったので、Python3系のみを使う場合には本書に記載の通りvenvを用いれば必要はありません。

AnacondaはAnaconda社が配布しているデータ分析に特化したPythonのパッケージであり、多くの機械学習の書籍やWebサイトで推奨されています。一方で独自の技術が使われている部分も多く、Python標準の機能を使う際や外部ライブラリを使う際に、標準のPythonを使っている場合に発生しない不具合が起こることがあります。以前は機械学習のパッケージをインストールする際にAnacondaを使ったほうが便利なケースもありましたが、近年ではそのようなケースは稀になっており、むしろAnaconda特有の問題が発生することのほうが多いことから、初学者が積極的に採用する理由はないと考えます。

また最近ではDockerを用いる方法もよく推奨されています。すでに普段の開発でDockerを用いている場合には良い方法だと思いますが、Dockerは学習コストが低いとはいえ、Pythonでの機械学習に入門するというケースのみにおいては少し過剰であると考え、本書ではPythonに組み込まれているvenvを推奨しています。

pipenvについても同様で、良いパッケージング環境ではありますが学習コストなどを考慮し本書では取り扱いません。興味のある方はぜひ調べてみてください。

以上の理由より、本書では標準のvenvを使った環境構築を推奨しています。

1.2 Python の使い方

本節では Python の基本的な使い方について述べます。
Python でのプログラミングを行った経験がある方は本節を読み飛ばしていただいてかまいません。
また、本書は何らかのプログラミング言語を用いてプログラミングを行ったことがある方を対象にしているため、プログラミングの基礎については、別の書籍などをご参照ください。
加えて、本書を読んでいくために最低限必要な機能のみを紹介しますので、Python のより詳細な利用法についても別の書籍などをご参照ください。

1.2.1 Hello World!

新しいプログラミング言語を動かすときの慣例にならい、本項でもまず Hello World! を出力してみます。

Python がインタプリタ型の言語であることは前節で述べました。まずは Python のインタプリタを起動してみましょう。

[ターミナル]

```
(env) $ source env/bin/activate
(env) $ python
Python 3.6.2 (default, Jul 17 2017, 16:44:47)
[GCC 4.2.1 Compatible Apple LLVM 8.0.0 (clang-800.0.42.➡
1)] on darwin
Type "help", "copyright", "credits" or "license" for ➡
more information.
>>>
```

python コマンドで Python のインタプリタを起動することができます。

ここに Hello World! を出力するプログラムを記述します。

[ターミナル]

```
>>> print("Hello World!")
Hello World!
>>>
```

インタプリタは [Ctrl] + [D] キー、もしくは `exit()` で終了することができます。

[ターミナル]

```
>>> exit()
```

またファイルに書かれたプログラムを実行することもできます。

リスト1.1 のようなファイルを作ってみてください。保存先はP.005で作成した「ml-book-workspace」ディレクトリ直下にしてください。

リスト1.1 hello.py

```
print("Hello World!")
```

そして、以下のコマンドを実行します。

[ターミナル]

```
(env) $ python hello.py
Hello World!
```

以上のようにファイルとして書かれたプログラムを実行することができました。

🔷 1.2.2 IPythonの利用

ここでより便利にPythonのインタプリタを利用できるIPythonを紹介します。IPythonは先程紹介したPythonのインタプリタを強力に拡張したものです。

どのように便利なのかを確認してみましょう。まずはIPythonのインストールです。IPythonはPythonのパッケージマネージャである `pip` コマンドでインストールすることができます。以下のコマンドを実行してください。

[ターミナル]

```
(env) $ pip install ipython
```

IPythonがインストールされました。IPythonは `ipython` コマンドで起動することができます。

[ターミナル]

```
(env) $ ipython
Python 3.6.2 (default, Jul 17 2017, 16:44:47)
Type 'copyright', 'credits' or 'license' for more
information
IPython 6.2.1 -- An enhanced Interactive Python. Type ➡
'?' for help.

In [1]:
```

IPythonには様々な機能がありますが、ここでは以下の4つの機能を紹介します。

- 強力な補完
- オブジェクトの探索
- マジックコマンド
- 履歴の探索

● 強力な補完

IPythonを使う最も大きな理由は強力な補完機能です。

Hello World!を出力するために、IPython上で**p**と入力した後、［Tab］キーを押してみてください。

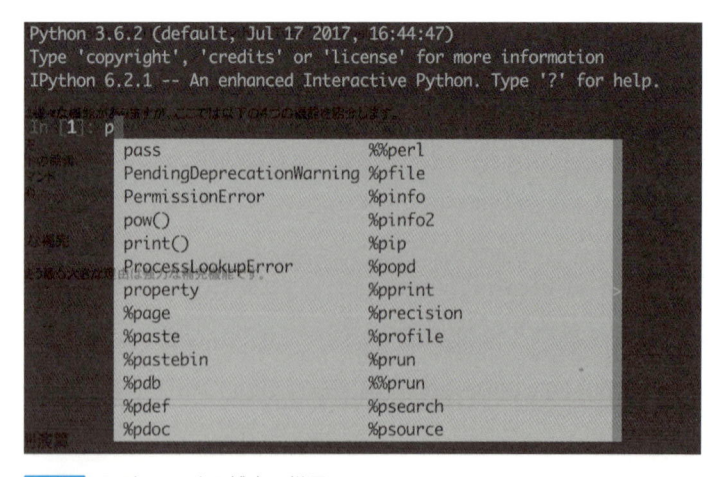

図1.1 IPythonによる補完の様子

図1.1 に示した画面のように候補が表示されたと思います。

補完はprint関数のような標準ライブラリの機能だけでなく、インストールした外部ライブラリや、自分が作成したメソッドや変数などにも適用されます。

● オブジェクトの探索

IPythonでは ? を用いることで、そのオブジェクトが持つ情報を知ることができます。試しにprint?と入力して、実行してみます。

[ターミナル]

```
In [1]: print?
Docstring:
print(value, ..., sep=' ', end='\n', file=sys.stdout, ➡
flush=False)

Prints the values to a stream, or to sys.stdout by ➡
default.
Optional keyword arguments:
file:  a file-like object (stream); defaults to the ➡
current sys.stdout.
sep:   string inserted between values, default a space.
end:   string appended after the last value, default a ➡
newline.
flush: whether to forcibly flush the stream.
Type:      builtin_function_or_method
```

このようにどのような関数であるかという情報が出力されます。

関数だけではなく、変数やパッケージにも用いることができます。

● マジックコマンド

IPythonではpythonの実行以外にも便利な機能が用意されています。これらをマジックコマンドと呼びます。

マジックコマンドを実行するためには行の先頭に% をつける必要があります。マジックコマンドには一般的なOSのコマンドが用意されています。%ls を実行してみてください。

```
In [1]: %ls
hello.py    env/

In [2]:
```

　このように ls コマンドの実行結果を受け取ることができました。

　なお、%で実行できるのは一般的な OS のコマンドのみです。ターミナルで実行できるシェルコマンドでもマジックコマンドではないものがあり、実行できません。

　シェルコマンドは！をつければ実行することができます。

[ターミナル]

```
In [1]: %ping
UsageError: Line magic function %ping not found.

In [2]: !ping
usage: ping [-AaDdfnoQqRrv] [-c count] [-G sweepmaxsize]
            [-g sweepminsize] [-h sweepincrsize] [-i wait]
            [-l preload] [-M mask | time] [-m ttl] ➡
[-p pattern]
            [-S src_addr] [-s packetsize] [-t timeout] ➡
[-W waittime]
            [-z tos] host
       ping [-AaDdfLnoQqRrv] [-c count] [-I iface] ➡
[-i wait]
            [-l preload] [-M mask | time] [-m ttl] ➡
[-p pattern] [-S src_addr]
            [-s packetsize] [-T ttl] [-t timeout] ➡
[-W waittime]
            [-z tos] mcast-group
Apple specific options (to be specified before ➡
mcast-group or host like all options)
            -b boundif            # bind the socket to ➡
the interface
            -k traffic_class      # set traffic class ➡
socket option
```

```
              -K net_service_type  # set traffic class  ➡
socket options
              -apple-connect        # call connect(2) in  ➡
the socket
              -apple-time           # display current time


In [3]: !ls
hello.py     env
```

このように！によってシェルコマンドを実行することができます。

またOSのコマンドも実行することができますが%の場合に比べて出力形式やハイライトがIPythonに最適化されていないことに注意しましょう。

OSのコマンドを実行する以外にも様々な機能があります。ここではよく用いる%timeitを紹介します。

%timeitは指定した行の実行時間を計測できるマジックコマンドです。

rangeで数列を生成する際の実行時間を測ってみましょう。rangeは、range(1000)とすると0,1,2,..., 999という数列を生成してくれるシーケンス型です。

［ターミナル］

```
In [1]: %timeit range(1000)
343 ns ± 3.99 ns per loop (mean ± std. dev. of 7 runs,  ➡
1000000 loops each)
```

プログラムの実行時間にはある程度ばらつきがあります。%timeitは複数回実行して、そのばらつき方まで教えてくれます。

この場合はこの行を1,000,000回ループさせたものを7回実行して、各ループの実行回数の平均と標準偏差が出力されます。

このループ回数と実行回数は実行する処理によって自動で決定され、オプションを用いてループ回数は-n、実行回数は-rで制御することができます。

［ターミナル］

```
In [1]:  %timeit -n 100 -r 2 range(1000)
369 ns ± 3.25 ns per loop (mean ± std. dev. of 2 runs,  ➡
100 loops each)
```

行単位ではなく複数行をマジックコマンドに渡す場合には %% を使います。
以下は range(10000) で生成する数列から最大値を求めるコードです。

[ターミナル]

```
In [1]: %%timeit x = range(10000)
   ...: max(x)
   ...:
 375 µs ± 7.06 µs per loop (mean ± std. dev. of 7 ➡
runs, 1000 loops each)
```

このように複数行の実行時間を計測することもできます。

● 履歴の探索

最後に紹介するのが履歴の探索です。

最もシンプルな機能としては以前に実行した行を [↑] [↓] キーで遡ることができます。これだけでも非常に便利なのですが、他にも履歴を探索するための便利な機能があります。

まず以前の行の出力を _ で参照することができます。3行前まで遡ることができます。

[ターミナル]

```
In [1]: 1 + 1
Out[1]: 2

In [2]: _
Out[2]: 2
```

[ターミナル]

```
In [1]: 1 + 1
Out[1]: 2

In [2]: 1 + 2
Out[2]: 3

In [3]: __
Out[3]: 2
```

[ターミナル]

```
In [1]: 1 + 1
Out[1]: 2

In [2]: 1 + 2
Out[2]: 3

In [3]: 1 + 3
Out[3]: 4

In [4]: ___
Out[4]: 2
```

またIn[1]、Out[1]を利用して、入力、出力を取得することができます。

[ターミナル]

```
In [1]: 1 + 1
Out[1]: 2

In [2]: In[1]
Out[2]: '1 + 1'

In [3]: Out[1]
Out[3]: 2

In [4]: Out[1] + Out[3]
Out[4]: 4
```

このように履歴を探索し、利用するための便利な機能があります。

以降、本書でインタプリタでの実行を行う場合にはIPythonを用いることとします。

🔷 1.2.3 四則演算

それではPythonの基本的な機能について紹介していきます。まずは最も基本的な数値の四則演算についてです。基本的な演算子を 表1.1 に示します。

他のプログラミング言語を学ばれたことがある方には一般的な演算子であると思います。実際に挙動を見てみましょう。

表1.1 四則演算

	演算子
足し算	+
引き算	-
掛け算	*
割り算（小数）	/
割り算（整数）	//
余り	%

[ターミナル]

```
In [1]: 1 + 1
Out[1]: 2

In [2]: 2 - 1
Out[2]: 1

In [3]: 3 * 3
Out[3]: 9

In [4]: 4 / 2
Out[4]: 2.0

In [5]: 10 / 4
Out[5]: 2.5

In [6]: 10 // 4
Out[6]: 2

In [7]: 10 % 4
Out[7]: 2
```

以上のようにしてPythonでは演算を行います。

Python2を利用されたことがある読者の方は、割り算の挙動が変わっていることに注意してください。

🔷 1.2.4　文字列の利用

次に文字列の利用について述べます。

Pythonにおいて文字列は様々な方法で表現することができますが、最も一般的な方法は`'`または`"`で囲むことです。

[ターミナル]

```
In [1]: "Hello World!"
Out[1]: 'Hello World!'

In [2]: print("Hello World!")
Hello World!

In [3]: 'Hello World!'
Out[3]: 'Hello World!'

In [4]: print('Hello World!')
Hello World!
```

このように`"`で囲んでも、`'`で囲んでも同様に文字列として認識されます。このような記号を文字列リテラルと呼びます。

`print`関数を用いると文字列リテラルを省略した出力を得ることができます。`" "`内や`' '`内では、`\`を用いてエスケープできます。

[ターミナル]

```
In [1]: '"That's right!"'
  File "<ipython-input-17-1d0b1db60b14>", line 1
    '"That's right!"'
            ^
SyntaxError: invalid syntax


In [2]: '"That\'s right!"'
Out[2]: '"That\'s right!"'

In [3]: print('"That\'s right!"')
"That's right!"
```

```
In [4]: ""That's right!""
  File "<ipython-input-19-93495c9ea68b>", line 1
    ""That's right!""
        ^
SyntaxError: invalid syntax

In [5]: "\"That's right!\""
Out[5]: '"That\'s right!"'

In [6]: print("\"That's right!\"")
"That's right!"
```

このようにエスケープすることで、文字列リテラルを文字列として扱うことができます。print関数によってエスケープを省略して出力できていることがわかります。

次に文字列を操作する方法をいくつか紹介します。

まずは文字列の結合についてです。文字列リテラルによって定義された文字列は、2つ並べることで結合することができます。

一方で式の途中や、変数と文字列リテラル、変数同士では結合することはできません。その場合は+を用いて結合します。

以下に具体的な例を示します。

[ターミナル]

```
In [1]: "abc" "efg"
Out[1]: 'abcefg'

In [2]: "abc" 'efg'
Out[2]: 'abcefg'

In [3]: s1 = 'abc'

In [4]: s1 'efg'
  File "<ipython-input-28-15c1b08361e9>", line 1
    s1 'efg'
        ^
SyntaxError: invalid syntax
```

```
In [5]: s1 + 'efg'
Out[5]: 'abcefg'

In [6]: s2 = 'efg'

In [7]: s1 s2
  File "<ipython-input-31-170d487acc41>", line 1
    s1 s2
        ^
SyntaxError: invalid syntax


In [8]: s1 + s2
Out[8]: 'abcefg'

In [9]: 'abc' + 'efg'
Out[9]: 'abcefg'
```

　このように文字列リテラル同士の結合は、2つ並べれば可能であること、変数を挟んだ結合は+演算子を用いる必要があることがわかります。

　また文字列は添字を用いて特定の文字や、部分的な文字列を利用することができます。文字列の添字は0からはじまっており、また末字を-1としてアクセスすることもできます。これは次項で紹介するリストでも同様です。

　まずは特定の文字を利用する方法を見てみます。

[ターミナル]

```
In [1]: s = 'abcdefg'

In [2]: s[0]
Out[2]: 'a'

In [3]: s[3]
Out[3]: 'd'

In [4]: s[6]
Out[4]: 'g'
```

```
In [5]: s[-1]
Out[5]: 'g'

In [6]: s[-3]
Out[6]: 'e'
```

　添字を用いて特定の文字にアクセスできることを確認しました。

　次に部分的な文字列にアクセスする方法を説明します。これはスライスと呼び、次項で紹介するリストでも同様に利用することができます。添字と：を用いて範囲を指定します。

［ターミナル］

```
In [1]: s = 'abcdefg'

In [2]: s[:3]
Out[2]: 'abc'

In [3]: s[5:]
Out[3]: 'fg'

In [4]: s[-1:]
Out[4]: 'g'

In [5]: s[-4:]
Out[5]: 'defg'

In [6]: s[2:4]
Out[6]: 'cd'

In [7]: s[2:-2]
Out[7]: 'cde'
```

　このようにして部分的な文字列を得ることができます。

　他にも様々な機能があるので、興味のある方はぜひ調べてみてください。

🔷 1.2.5　リスト型の利用

　次にリスト型の利用について述べます。

　リスト型は複数のデータを並べた集まりを示す型です。角括弧でデータを囲むことで定義できます。角括弧の中のデータを要素と呼ぶことにします。

[ターミナル]

```
In [1]: a = [1, 2, 3, 4, 5]

In [2]: a
Out[2]: [1, 2, 3, 4, 5]
```

　リスト型では文字列と同じ方法で各要素にアクセスすることができます。

[ターミナル]

```
In [3]: a[1]
Out[3]: 2

In [4]: a[-1]
Out[4]: 5

In [5]: a[2:]
Out[5]: [3, 4, 5]

In [6]: a[:3]
Out[6]: [1, 2, 3]

In [7]: a[:]
Out[7]: [1, 2, 3, 4, 5]
```

　また文字列と異なり、各要素を変更することができます。

[ターミナル]

```
In [8]: a[3] = 6

In [9]: a
Out[9]: [1, 2, 3, 6, 5]
```

　新しい要素を追加するときは、appendという関数を使います。

[ターミナル]

```
In [10]: a.append(7)

In [11]: a
Out[11]: [1, 2, 3, 6, 5, 7]
```

リストの中にリストを入れることも可能です。

[ターミナル]

```
In [12]: b = [[1, 2, 3], [4, 5, 6]]

In [13]: b
Out[13]: [[1, 2, 3], [4, 5, 6]]

In [14]: b.append([7, 8, 9])

In [15]: b
Out[15]: [[1, 2, 3], [4, 5, 6], [7, 8, 9]]
```

以上、リスト型とその利用方法について述べました。

1.2.6 辞書型の利用

次に辞書型の利用について述べます。

辞書型はキーを与えるとそれに対応した値にアクセスできる型で、他のプログラミング言語では連想配列やMAPなどと呼ばれています。辞書を定義する際には波括弧{}を用います。以下に辞書の定義について示します。

[ターミナル]

```
In [1]: a = {'a':1, 'b': 2}

In [2]: a
Out[2]: {'a': 1, 'b': 2}

In [3]: a['a']
Out[3]: 1
```

```
In [4]: a['b']
Out[4]: 2

In [5]: a['c']
--------------------------------------------------------
KeyError                      Traceback (most recent call last)
<ipython-input-5-40002e96e5d9> in <module>()
----> 1 a['c']

KeyError: 'c'
```

このように波括弧により辞書を定義し、コロンでキーと値を区切ることで、辞書に値を設定することができます。値を利用する際は角括弧でキーを指定することで、キーに対応する値を得ることができます。また定義されていない値を指定した場合にはKeyErrorが発生します。

次にすでに存在する辞書型に新たに値を定義する方法と、すでに定義したキーを削除する方法を示します。

[ターミナル]

```
In [6]: a['c'] = 3

In [7]: a
Out[7]: {'a': 1, 'b': 2, 'c': 3}

In [8]: del a['b']

In [9]: a
Out[9]: {'a': 1, 'c': 3}
```

このように新たに値を定義するには、角括弧でキーを指定し、値を代入します。そしてキーを削除する場合にはdelで消したいキーを指定します。キーには変更不可能な値を用いることができます。具体的には数値、文字列は用いることができますが、リストや辞書は変更可能なため用いることができません。

また次項で説明するタプルは、変更可能な値が要素になっていなければ用いることができます。

[ターミナル※3]

```
In [10]: a[1] = 4

In [11]: a
Out[11]: {1: 4, 'a': 1, 'c': 3}

In [12]: a[[1,2]] = 5
--------------------------------------------------------------
TypeError                       Traceback (most recent call last)
<ipython-input-12-a03505562e30> in <module>()
----> 1 a[[1,2]] = 5

TypeError: unhashable type: 'list'


In [13]: a[(1,2)] = 6

In [14]: a
Out[14]: {(1, 2): 6, 1: 4, 'a': 1, 'c': 3}
```

　辞書型は機械学習を行う際のデータ解析において、任意のデータの出現回数を記録する場合などに便利に用いることができます。

🔷 1.2.7　その他の型について

　本項ではここまで紹介していない、よく用いる型について紹介します。

● タプル型

　タプル型はリスト型と同様に複数のデータを並べた集まりを示す型です。
　リスト型との違いは、リスト型はデータを入れ替えたり、増やしたりできるのに対して、タプル型は一度定義したデータを変更することはできません。タプル

※3　環境によっては、Out[11]、Out[13]の出力は以下のように表示される順番が変わります。

```
Out[11]: {'a': 1, 'c': 3, 1: 4}

Out[13]: {'a': 1, 'c': 3, 1: 4, (1, 2): 6}
```

型は , で区切った値で定義され、丸括弧で囲むことができます。

[ターミナル]

```
In [1]: a = 1, 2, 3

In [2]: a
Out[2]: (1, 2, 3)

In [3]: a = (1, 2, 3)

In [4]: a
Out[4]: (1, 2, 3)

In [5]: a[0]
Out[5]: 1

In [6]: a[1]
Out[6]: 2

In [7]: a[1] = 4
---------------------------------------------------------
TypeError                       Traceback (most recent call last)
<ipython-input-7-c04b8b3bfbb3> in <module>()
----> 1 a[1] = 4

TypeError: 'tuple' object does not support item assignment
```

またタプルは入れ子構造にすることができます。

[ターミナル]

```
In [8]: b = 4, a

In [9]: b
Out[9]: (4, (1, 2, 3))
```

そしてタプルは不変のため、リストと違い辞書型のキーとして用いることができます。

[ターミナル]

```
In [10]: c = {}

In [11]: c[a] = 5

In [12]: c
Out[12]: {(1, 2, 3): 5}
```

● 集合型

　集合型はその名の通り集合を扱うための型です。集合とは重複する要素を持たず、順序付けられていないデータの集まりです。中括弧、もしくはset関数を用いて定義することができます。集合演算をサポートしていることも特徴として挙げられます。

[ターミナル]

```
In [1]: a = {1, 2, 3, 3, 4, 5}

In [2]: a     # 重複する値は含まれない
Out[2]: {1, 2, 3, 4, 5}

In [3]: a.add(1)   # addでデータを追加する

In [4]: a    # すでに存在するデータを追加しても影響はない
Out[4]: {1, 2, 3, 4, 5}

In [5]: a.add(6)

In [6]: a    # 存在しないデータを追加すると含まれる
Out[6]: {1, 2, 3, 4, 5, 6}

In [7]: b = {3, 5, 6, 8, 10}

In [8]: a & b   # 積集合により、共通部分のみを得ることができる
Out[8]: {3, 5, 6}

In [9]: a | b   # 和集合により、どちらかに存在するデータを得ることができる
Out[9]: {1, 2, 3, 4, 5, 6, 8, 10}
```

```
In [10]: a - b   # 差によって、要素を取り除くことができる
Out[10]: {1, 2, 4}
```

● Bool型、None型

　Bool型は真偽値を扱うための型で、PythonではTrue、Falseとして定義されています。

　None型は未定義を扱うための型でNoneとして定義されています。

[ターミナル]

```
In [1]: a = True

In [2]: a
Out[2]: True

In [3]: a = False

In [4]: a
Out[4]: False

In [5]: a = None

In [6]: a   # 未定義なので何も表示されない
```

　Bool型は条件演算子の返り値にもなります。いくつかの例を示しましょう。

[ターミナル]

```
In [1]: 1 < 2
Out[1]: True

In [2]: 1 in [1, 2]
Out[2]: True

In [3]: 4 in [1, 2]
Out[3]: False
```

```
In [4]: 1 == 2
Out[4]: False

In [5]: 1 == 1
Out[5]: True

In [6]: 'abc' == 'abd'
Out[6]: False

In [7]: 'abc' != 'abd'
Out[7]: True
```

🔷 1.2.8　条件分岐

　ここまでPythonで用いる型について述べました。次に制御文について述べます。
まずは条件分岐です。Pythonではif文が実装されています。他のプログラミ
ング言語ではswitch文がある場合もありますが、Pythonにはありません。条
件は前項で示したBool型や、様々な条件演算子を用いて記述されます。以下にサ
ンプルを示します。

[ターミナル]

```
In [1]: a = True

In [2]: if a is True:
   ...:        print('a is true')
   ...:
a is true

In [3]: a = False

In [4]: if a is True:
   ...:        print('a is True')
   ...:

In [5]: b = 5
```

```
In [6]: if b == 4:
   ...:         print('b is equals 4')

In [7]: if b > 4:
   ...:         print('b is greater than 4')
b is greater than 4

In [8]: if b < 4:
   ...:         print('b is lower than 4')
   ...: else:
   ...:         print('b is not lower than 4')
   ...:
b is not lower than 4

In [10]: c = 'c'

In [11]: if c == 'a':
   ...:         print('c is a')
   ...: elif c == 'b':
   ...:         print('c is b')
   ...: elif c == 'c':
   ...:         print('c is c')
   ...: else:
   ...:         print('c is not a or b or c')
c is c
```

　多くのプログラミング言語と同様に、ifの後に真偽値や条件演算子を指定し、値が真と評価されればネストされた処理を実行し、偽であれば実行しません。

　Pythonでのネストはスペース4つのインデントで行います。

　elifはifにマッチしなかった場合のみに評価され、elifで指定した値が真と評価されればifと同様にネストされた処理を実行します。elifは0個以上用いることができます。elseはifにもelifにもマッチしなかった場合に実行される処理を記述し、実行することができます。

　何が真と評価され、何が偽と評価されるかは、プログラミング言語によって異なり、多くのプログラマを悩ませます。

　Pythonでのいくつかの例を以下に示します。

```
In [1]: a = 0

In [2]: if a:
   ...:         print('a')

In [3]: a = 1

In [4]: if a:
   ...:         print('a')
   ...:
a

In [5]: b = ''

In [6]: if b:
   ...:         print('b')

In [7]: b = 'a'

In [8]: if b:
   ...:         print('b')
b

In [9]: c = []

In [10]: if c:
    ...:         print('c')
    ...:

In [11]: c = [1]

In [12]: if c:
    ...:         print('c')
c
```

　ここに示したように、数値型の場合は0は真と評価されず、文字型の場合は空文字は真と評価されず、リスト型の場合は空のリストは真と評価されません。このように型によって挙動が異なるため、`if`を用いる際には注意しましょう。

🔹 1.2.9 　繰り返し

次に繰り返し処理を行う制御文について述べます。

Pythonではwhile文とfor文が用意されています。

● while文

while文は指定された条件を満たし続ける限り、記述された処理を実行し続けます。例えば以下のような処理を実行することができます。

[ターミナル]

```
In [1]: n = 0

In [2]: while n < 10:
   ...:     n += 1
   ...:     print(n)
   ...:
1
2
3
4
5
6
7
8
9
10
```

● for文

for文はwhile文と同様に繰り返し処理を実行しますが、while文が条件を満たし続ける限り実行するのに対して、for文はリストや文字列のような複数のデータの集まりに対して反復を行います。

```
In [3]: n = 0

In [4]: for i in [1, 2, 3, 4, 5]:
   ...:        print(i)
   ...:        n += i
   ...:        print(n)
   ...:
1
1
2
3
3
6
4
10
5
15

In [5]: for s in 'abcdefg':
   ...:        print(s)
   ...:
a
b
c
d
e
f
g
```

数列に対してfor文を実行したい場合には、range関数が便利です。

[ターミナル]

```
In [6]: for i in range(10):
   ...:        print(i)
   ...:
0
1
2
```

```
3
4
5
6
7
8
9

In [7]: for i in range(2, 20, 2):
   ...:         print(i)
   ...:
2
4
6
8
10
12
14
16
18
```

● continue、break、else

　繰り返し処理で用いることができる機能について紹介します。
　continue文は繰り返し処理を最後まで実行せずに、次の繰り返しを実行することができます。

[ターミナル]

```
In [8]: for i in range(10):
   ...:         if i == 5:
   ...:             continue
   ...:         print(i)
   ...:
0
1
2
3
```

```
4
6
7
8
9
```

break文は繰り返し処理を途中で終了することができます。

```
In [9]: for i in range(10):
    ...:     if i == 5:
    ...:         break
    ...:     print(i)
    ...:
0
1
2
3
4
```

elseは繰り返し処理が最後まで実行されたときに実行する処理を記述することができます。

break文で終了された場合には実行されません。

［ターミナル］

```
In [10]: for i in range(10):
    ...:     print(i)
    ...: else:
    ...:     print('finished!')
0
1
2
3
4
5
6
7
8
```

```
9
finished!

In [11]: for i in range(10):
    ...:         if i == 5:
    ...:             break
    ...:         print(i)
    ...: else:
    ...:     print('finished!')
    ...:
0
1
2
3
4
```

またPythonでは内包表記と呼ばれる方法で、繰り返し処理によるデータの生成を行うことができます。

例えば0～9の整数を2乗した値のリストを作る場合を考えます。for文を使う場合は以下のようになります。

[ターミナル]

```
In [1]: a = []

In [2]: for i in range(10):
    ...:         a.append(i**2)
    ...:

In [3]: a
Out[3]: [0, 1, 4, 9, 16, 25, 36, 49, 64, 81]
```

これを内包表記を使うと以下のように書くことができます。

[ターミナル]

```
In [4]: a = [i**2 for i in range(10)]

In [5]: a
Out[5]: [0, 1, 4, 9, 16, 25, 36, 49, 64, 81]
```

このように簡易な記述で書くことができます。またリスト内包表記には if 文を導入することが可能です。

```
In [6]: a = [i**2 for i in range(10) if i !=5]

In [7]: a
Out[7]: [0, 1, 4, 9, 16, 36, 49, 64, 81]
```

　詳細な説明は省きますが、for 文を使った記述より、リスト内包表記のほうが高速になります。シンプルな処理であればおおよそ2倍、if 文を用いた場合には、20〜30%程度に高速になるといわれています。
　一方で複雑なリスト内包表記は読みにくくなることが多いため、複雑になる場合には無理して使わないほうがよいでしょう。リストだけではなく、辞書型、集合型にも内包表記は用意されています。

[ターミナル]

```
In [8]: a = {i: 'data_{}'.format(i) for i in range(10)}

In [9]: a
Out[9]:
{0: 'data_0',
 1: 'data_1',
 2: 'data_2',
 3: 'data_3',
 4: 'data_4',
 5: 'data_5',
 6: 'data_6',
 7: 'data_7',
 8: 'data_8',
 9: 'data_9'}

In [10]: a = {i for i in range(10)}

In [11]: a
Out[11]: {0, 1, 2, 3, 4, 5, 6, 7, 8, 9}
```

　タプル型の内包表記は存在しません。( )で内包表記を用いた場合は、ジェネレータを生成することになります。

[ターミナル]

```
In [12]: a = (i for i in range(10))

In [13]: a
Out[13]: <generator object <genexpr> at 0x11069c4c0>

In [14]: for i in a:
   ...:        print(i)
   ...:
0
1
2
3
4
5
6
7
8
9
```

　ジェネレータとは何かについては本書では詳しく解説しませんが、このような繰り返し処理に必要なデータを取り出すための機能であり、必要な要素を繰り返し処理ごとに計算するため、計算効率を向上できるというメリットがあります。

🔷 1.2.10　関数の利用

　前項まで、Pythonで処理を記述するための基本的な方法を紹介してきました。本項では関数について述べます。

　関数はほとんどのプログラミング言語で用いられている概念であり、簡単に述べるならば処理をまとめ、繰り返し利用可能にするための機能といえます。

```
In [1]: def func1():
   ...:        return 1
   ...:

In [2]: func1()
Out[2]: 1

In [3]: def func2(a, b):
   ...:        return a + b
   ...:

In [4]: func2()
------------------------------------------------------------
TypeError                       Traceback (most recent call last)
<ipython-input-18-1159c30513e1> in <module>()
----> 1 func2()

TypeError: func2() missing 2 required positional ➡
arguments: 'a' and 'b'

In [5]: func2(1, 2)
Out[5]: 3

In [6]: def func3(s):
   ...:        print('Hello {}'.format(s))
   ...:

In [7]: func3('Python')
Hello Python
```

　Pythonでは関数はdef 関数名(引数)で定義します。func1()のように引数はなくてもかまいません。そして定義した関数を利用する際は関数名(引数)で呼び出します。

　指定された引数と異なる形式で呼び出してしまった場合はエラーになります。

　値を返す場合はreturnを用います。値はfunc3のように返さなくてもかまいません。その場合はreturn Noneが記述されたのと同等になります。

　引数を定義する方法には様々なものがあります。本項ではそのいくつかを紹介します。Pythonでは以下のようにして引数の値にデフォルトの値を設定するこ

とができます。

[ターミナル]

```
In [8]: def func(a, b=2):
    ...:        return a + b
    ...:

In [9]: func(1)
Out[9]: 3

In [10]: func(3, 4)
Out[10]: 7

In [11]: def func4(a=1, b):
    ...:        return a + b
  File "<ipython-input-29-41e0401f7d98>", line 1
    def func4(a=1, b):
                 ^
SyntaxError: non-default argument follows default argument
```

　このようにデフォルトの値が設定された引数は、引数を指定せずに呼び出された場合にはデフォルトの値が用いられ、引数を指定して呼び出した場合にはその値で上書きされて用いられます。デフォルトの値はすべての引数に設定することも、一部の引数に設定することも可能ですが、デフォルトの値を設定した引数以降の引数はすべてデフォルトの値を設定しなければなりません。

　また関数を呼び出す際に、引数をキーワードで指定することができます。

[ターミナル]

```
In [12]: def func5(a, b, c):
    ...:        return a + b - c
    ...:

In [13]: func5(a=1, b=2, c=3)
Out[13]: 0

In [14]: func5(c=3, a=1, b=2)
Out[14]: 0
```

```
In [15]: func5(1, b=2, c=3)
Out[15]: 0

In [16]: func5(a=1, 2, 3)
  File "<ipython-input-34-55209eb802e0>", line 1
    func5(a=1, 2, 3)
              ^
SyntaxError: positional argument follows keyword argument
```

　このように関数を定義した際に指定した引数の名前で引数を指定し、関数を呼び出すことができます。キーワードで呼び出した場合には定義された順番と入れ替わっていても正しく呼び出すことができます。こちらの場合も、すべての引数をキーワードで指定しなくても利用することができますが、キーワードで指定した場合は、それ以降の引数もすべてキーワードで指定する必要があります。

　また関数に任意の引数、任意のキーワードを与えることができるように定義することもできます。

[ターミナル]

```
In [17]: def func6(*args):
    ...:     s = 0
    ...:     for i in args:
    ...:         s += i
    ...:     return s
    ...:

In [18]: func6()
Out[18]: 0

In [19]: func6(1)
Out[19]: 1

In [20]: func6(1, 2, 3, 4)
Out[20]: 10
```

　こちらは任意の引数を与えた場合です。＊をつけることが重要であり、argsは何でもよいのですが、argsという名前をつけるのが通例となっています。

　このように定義された引数argsはリストとなり、与えられた引数をすべてリ

ストの要素として持ちます。その結果、func6は与えた引数の総和を返す関数となります。

[ターミナル]

```
In [21]: def func7(**kwargs):
    ...:     for k, v in kwargs.items():
    ...:         print('{}:{}'.format(k, v))
    ...:

In [22]: func7()

In [23]: func7(a=1, b=5, c='hoge')
a:1
b:5
c:hoge
```

こちらは任意のキーワード引数を指定して呼び出す場合です。こちらも同様に**をつけることが重要であり、通例としてkwargsという名前をつけています。*argsがリストで受け取るのに対して、**kwargsは辞書としてキーワードと与えられた値を受け取ります。

*argsと**kwargsは同時に用いることができ、また他の引数と同時に用いることもできますが、通常の引数以降に定義される必要があります。また*argsの前に**kwargsを定義することはできません。

🔷 1.2.11　クラスの利用

本項ではPythonにおけるクラスについて述べます。

クラスはオブジェクト指向プログラミングにおいて、オブジェクトを定義するものです。オブジェクト指向プログラミングが何かということについては、本書では触れませんので、他の書籍を参照してください。Pythonのクラスは非常にシンプルに作られています。

以下に簡単なクラスを定義します。

[ターミナル]

```
In [1]: class Person:
    ...:     def __init__(self, name):
    ...:         self.name = name
```

```
    ...:        def get_name(self):
    ...:            return self.name
    ...:

In [2]: john = Person('john')

In [3]: john.get_name()
Out[3]: 'john'

In [4]: john.name
Out[4]: 'john'
```

　このように class　クラス名でクラスを定義し、クラス名()によってインスタンスを生成できます。インスタンスを生成する際にはコンストラクタが呼び出されます。コンストラクタは init という名前のインスタンス関数として定義します。

　クラスが持つインスタンス関数は第1引数に self という変数を持ち、self を通じてインスタンス変数にアクセスすることができます。インスタンス変数はインスタンス.変数名，インスタンス関数にはインスタンス.関数名でアクセスすることができます。

🔷 1.2.12　標準ライブラリの使い方

　最後に標準ライブラリをいくつか紹介します。

　まずは日付、時間を扱う型を提供する datetime を紹介します。Pythonでライブラリを使う場合は、import 文を使います（ここでは本書執筆時点の日付で表示している）。

[ターミナル]

```
In [1]: import datetime

In [2]: day = datetime.datetime(2018, 1, 1)

In [3]: day
Out[3]: datetime.datetime(2018, 1, 1, 0, 0)

In [4]: now = datetime.datetime.now()
```

```
In [5]: now
Out[5]: datetime.datetime(2018, 1, 3, 16, 43, 51, 614988)


In [6]: day.year
Out[6]: 2018

In [7]: day.month
Out[7]: 1

In [8]: day.day
Out[8]: 1

In [9]: day2 = day + datetime.timedelta(days=1)

In [10]: day2
Out[10]: datetime.datetime(2018, 1, 2, 0, 0)
```

　日時型は引数に日時を数値型で与えることで利用できます。またnow関数で現在の日時を取得することもできます。年、月、日などの情報は日時型のインスタンス変数として取得することができます。

　日付に対する加算・減算などはtimedelta型を使って行うことができます。次に数学関数を定義しているmathを紹介します。

[ターミナル]

```
In [11]: import math

In [12]: math.log(10)
Out[12]: 2.302585092994046

In [13]: math.exp(10)
Out[13]: 22026.465794806718

In [14]: math.pi
Out[14]: 3.141592653589793
```

　このように様々な数学関数を利用することができます。その他にもPythonには様々な機能が標準ライブラリとして提供されています。

1.3 Jupyter Notebookの インストールと使い方

本節ではJupyter Notebookのインストールとその使い方を紹介します。
Jupyter NotebookはSafariやChromeなどのインターネットブラウザ上でコードの実行を行うことができるソフトウェアです。

前節ではIPythonを紹介しましたが、Jupyter NotebookはもともとIPythonの一部機能として開発されており、データサイエンス分野により特化すること、そして様々なプログラミング言語を扱うことができることを目的に独立し、開発が進められているソフトウェアです。

Python以外にもRやJuliaなど様々なプログラミング言語を利用することができますが、本書ではPythonのみを利用するため本節でもPythonの機能に絞って紹介します。

探索的データ解析やデータ可視化を便利に行うことができる機能が充実しており、データサイエンス領域を中心に広く活用されています。

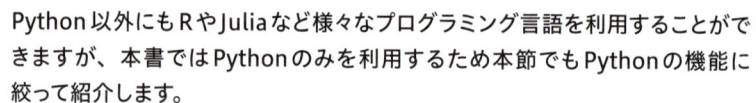 1.3.1　Jupyter Notebookのインストールと起動

Jupyter Notebookも`pip`コマンドでインストールを行うことができます。

［ターミナル］

```
(env) $ pip install jupyter
```

インストールした後、以下のコマンドを実行することでJupyter Notebookが起動します。

［ターミナル］

```
(env) $ jupyter notebook
```

このコマンドを実行するとブラウザが立ち上がり、標準のインターネットブラウザでJupyter Notebookが起動します。

デフォルトでは`http://localhost:8888`のURLにアクセスすることでも利用できます。

🔷 1.3.2 Jupyter Notebookの利用

本項ではJupyter Notebookを使ってプログラムを実行する方法を示します。Jupyter Notebookにアクセスすると **図1.2** のような画面になっています。

図1.2 Jupyter Notebookの画面

Jupyter Notebookではプログラムを記述するファイルをnotebookと呼びます。まずはnotebookを作成しましょう。

右上にある「New」のボタンをクリックし、「Python3」を選択します（ **図1.3** ❶❷）。

ここで他のプログラミング言語がインストールされている場合は、他のプログラミング言語を選ぶことができます。

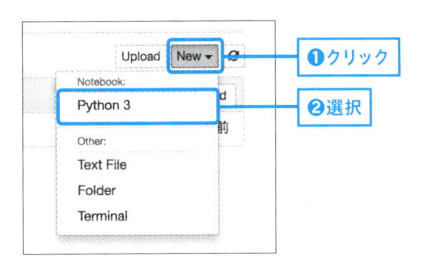

図1.3 Jupyter Notebookにおけるnotebookの作成

「Python3」を選択すると、作成されたnotebookの画面がインターネットブラウザで開きます（ **図1.4** ）。

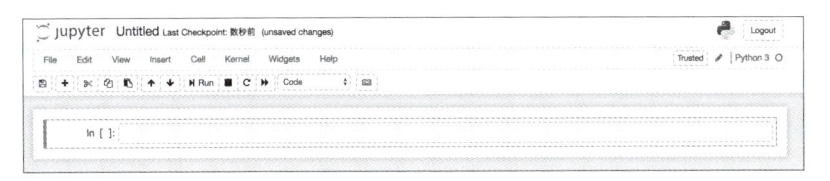

図1.4 新しく作成したnotebook

メニュー下部の入力エリアをセルと呼びます。Jupyter Notebookではセルの単位でプログラムが実行されます。

それではHello World!を出力してみましょう。

セル内に`print("Hello World!")`と入力し［Shift］＋［Enter］キーでセル内のプログラムを実行することができます。結果は **図1.5** のように出力されます。

```
In [1]:  print("Hello World!")

         Hello World!
```

図1.5 Jupyter上でのHello World!の実行

またセルで一番最後の実行結果が返り値を持つ場合は、その結果が自動的に出力されます（ **図1.6** ）。

```
In [2]:  a = 1
         b = 2
         a + b

Out[2]:  3
```

図1.6 セル内最後の命令の実行結果の返り値が出力される

当然ながらセル内で`for`文を実行したり、関数を定義し、利用することもできます（ **図1.7** ）。

```
In [3]:  s = 0
         for i in range(10):
             s += 1
         s

Out[3]:  10

In [4]:  def add(a, b):
             return a + b

In [5]:  add(5, 10)

Out[5]:  15
```

図1.7 for文や関数の利用例

セルはコードだけでなく、マークダウンを記述することができます。notebookで実行するコードの目的や、実験結果のメモや考察などを残しておくのに便利です。

マークダウンで入力したいセルを選択した上で、メニューの「Cell」から「Cell Type」を選択し、「Markdown」を指定します（ 図1.8 ❶❷❸）。

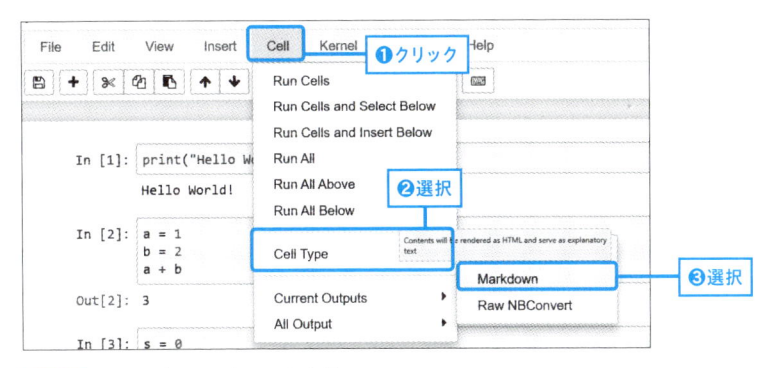

図1.8 マークダウン形式の設定方法

するとセルがマークダウンに対応して、マークダウン形式を記述できるようになります（ 図1.9 ）。

この場合このセル内にプログラムを記述することはできません。

図1.9 マークダウンの記述

プログラムと同様に、［Shift］+［Enter］キーで実行するとマークダウン形式を出力することができます（ 図1.10 ）。

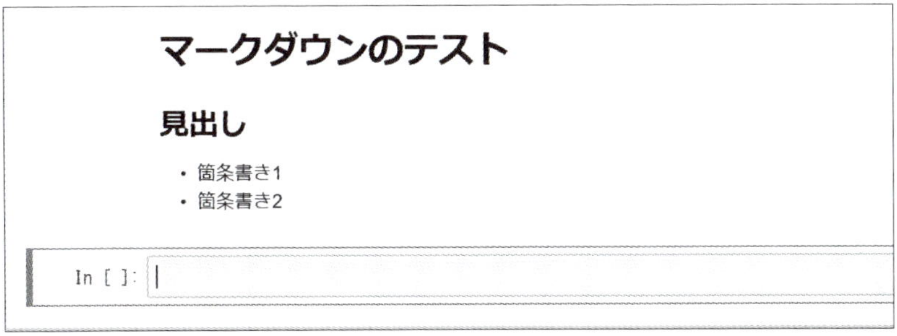

マークダウンのテスト

見出し

- 箇条書き1
- 箇条書き2

In [ ]:

図1.10 Markdownセルの実行

以上がJupyter Notebookの基本的な使い方です。

インタラクティブ環境をブラウザ上で実行でき、その結果を保存して再利用できるということが特徴であり、試行錯誤が必要なデータサイエンス分野では非常に便利です。さらに加えて可視化のライブラリを用いることで、より便利に使うことができるようになります。そのようなライブラリは次節で紹介します。

NumPy、scikit-learn、matplotlib、Pandasの利用

本節では数値計算ライブラリであるNumPy、機械学習ライブラリであるscikit-learn、可視化ライブラリであるmatplotlib、そしてデータ解析ライブラリであるPandasの基本的な利用方法について述べます。

Pythonがデータ分析や機械学習において広く用いられているのはこのようなライブラリが充実していることが大きな理由の1つです。各ライブラリの詳細な機能や利用方法については以降の章で述べることにし、本節ではインストールと基本的な利用方法について紹介します。また本節からは前節で紹介したJupyter Notebookを用いて動作の説明を行います。

🔷 1.4.1　NumPyのインストールと利用

本項ではNumPyができることについて簡単に紹介します。

前節でも述べた通り、Pythonにおけるライブラリのインストールは`pip`コマンドを用いて以下のように行います。

[ターミナル]

```
(env) $ pip install numpy
```

`pip`コマンドでライブラリのバージョンを指定してインストールする場合は、`pip install <ライブラリ名>==<バージョン名>`と入力してください。

NumPyのバージョン1.16.2であれば、以下のように入力します。

[ターミナル]

```
$ pip install numpy==1.16.2
```

NumPyの最も大きな特徴は行列とその計算を高速に扱えることです。なお、ここからはJupyter Notebookで実行します。

まず行列を定義する方法を リスト1.2 に示します。

リスト1.2 行列を定義する

In

```
import numpy

a = numpy.array([1, 2, 3])
```

In

```
a
```

Out

```
array([1, 2, 3])
```

In

```
a.shape
```

Out

```
(3,)
```

In

```
b = numpy.array([[1, 2, 3], [4, 5, 6]])
```

In

```
b
```

Out

```
array([[1, 2, 3],
       [4, 5, 6]])
```

In

```
b.shape
```

Out

```
(2, 3)
```

このように numpy.array を用いて行列を定義します。

　行列はshape要素で、その形を確認することができます。また様々な行列を簡単に生成できるユーティリティ関数も用意されています。そのうちよく使うものを リスト1.3 で紹介します。

リスト1.3 様々な行列を簡単に生成できるユーティリティ関数

In
```
numpy.zeros((3,3))
```

Out
```
array([[0., 0., 0.],
       [0., 0., 0.],
       [0., 0., 0.]])
```

In
```
numpy.eye(3)
```

Out
```
array([[1., 0., 0.],
       [0., 1., 0.],
       [0., 0., 1.]])
```

In
```
numpy.ones((3, 3))
```

Out
```
array([[1., 1., 1.],
       [1., 1., 1.],
       [1., 1., 1.]])
```

In
```
numpy.random.random((3, 3))
```

Out
```
array([[0.4483938 , 0.18104815, 0.01537672],
       [0.82634175, 0.11062281, 0.07643027],
       [0.91198849, 0.80413203, 0.49165611]])
```

zeros関数はすべての要素が0である行列を生成します。eye関数は指定された大きさの単位行列を生成します。ones関数はすべての要素が1である行列を生成します。random関数は指定されたサイズで各要素が乱数の行列を生成します。

次に行列同士の演算について紹介します。 **リスト1.4** に演算の例を示します。

リスト1.4 行列同士の演算

In
```
a = numpy.array([[1, 2, 3], [4, 5, 6]])
b = numpy.array([[7, 8, 9], [10, 11, 12]])
```

In
```
a + b
```

Out
```
array([[ 8, 10, 12],
       [14, 16, 18]])
```

In
```
a * b
```

Out
```
array([[ 7, 16, 27],
       [40, 55, 72]])
```

In
```
numpy.dot(a, b.T)
```

Out
```
array([[ 50,  68],
       [122, 167]])
```

ここで b.T は b の転置行列を表します。このように通常の演算子で実行できるものは要素同士の演算となっており、行列としての演算は、NumPyのメソッドを呼び出す必要があります。他にも様々な演算や関数が実装されていますが、本書ではその都度説明します。

◉ 1.4.2　scikit-learn のインストールと利用

本項では機械学習ライブラリのscikit-learnの使い方について簡単に紹介します。

scikit-learnのインストールも他のライブラリと同様に`pip`コマンドを用いて行います。

scikit-learnの利用にはSciPyが必要なので、ここで同時にインストールします。SciPyは科学技術計算を便利に、高速に行うためのライブラリであり、自分でアルゴリズムを実装する場合や複雑な数値計算を行う際に非常に便利ですが、本書ではアルゴリズムはライブラリで実装されているものを使う場合がほとんどなので、詳しくは説明しません。

［ターミナル］

```
(env) $ pip install scipy
(env) $ pip install scikit-learn
```

scikit-learnは様々な機械学習のアルゴリズムを扱うことができます。

機械学習の各種アルゴリズムについては以降の章で紹介することとし、本項では基本的な使い方のみ紹介します。本項では教師あり学習のアルゴリズムであるSupport Vector Machine（SVM）を例にscikit-learnの利用法を紹介します。なお、ここではあくまでscikit-learnの基本的な実行方法を述べるだけなので、SVMについての説明は省きます。

教師あり学習は与えられた数多くのデータから入力と出力の関係性を推定し、新しい入力データに対して出力を予測することを目的としています。scikit-learnには機械学習を学ぶ際によく使われるデータも含まれています。ここではirisと呼ばれるアヤメという植物についてがく片の長さと幅、花弁の長さと幅と、その品種を記録したデータを用いて、アヤメの種類を機械学習で予測します。

まずはデータセットを読み込みます（ リスト1.5 ）。

リスト1.5 データセットを読み込む

In

```
from sklearn import datasets

iris = datasets.load_iris()
```

In

```
iris.data[:10]
```

```
array([[5.1, 3.5, 1.4, 0.2],
       [4.9, 3. , 1.4, 0.2],
       [4.7, 3.2, 1.3, 0.2],
       [4.6, 3.1, 1.5, 0.2],
       [5. , 3.6, 1.4, 0.2],
       [5.4, 3.9, 1.7, 0.4],
       [4.6, 3.4, 1.4, 0.3],
       [5. , 3.4, 1.5, 0.2],
       [4.4, 2.9, 1.4, 0.2],
       [4.9, 3.1, 1.5, 0.1]])
```

In

```
iris.target
```

Out

```
array([0, 0, 0, 0, 0, 0, 0, 0, 0, 0, 0, 0, 0, 0, 0, 0, ➡
0, 0, 0, 0, 0, 0,
       0, 0, 0, 0, 0, 0, 0, 0, 0, 0, 0, 0, 0, 0, 0, 0, ➡
0, 0, 0, 0, 0, 0,
       0, 0, 0, 0, 0, 0, 1, 1, 1, 1, 1, 1, 1, 1, 1, 1, ➡
1, 1, 1, 1, 1, 1,
       1, 1, 1, 1, 1, 1, 1, 1, 1, 1, 1, 1, 1, 1, 1, 1, ➡
1, 1, 1, 1, 1, 1,
       1, 1, 1, 1, 1, 1, 1, 1, 1, 1, 1, 1, 2, 2, 2, 2, ➡
2, 2, 2, 2, 2, 2,
       2, 2, 2, 2, 2, 2, 2, 2, 2, 2, 2, 2, 2, 2, 2, 2, ➡
2, 2, 2, 2, 2, 2,
       2, 2, 2, 2, 2, 2, 2, 2, 2, 2, 2, 2, 2, 2, 2, 2, ➡
2, 2])
```

このように計測されたデータがdataに、一般に目的変数とされる品種のラベルがtargetに入っています。

これはどのデータセットでも同様です。scikit-learnには他にも様々なデータセットがもともと組み込まれており、アルゴリズムを実際に動かしてみる際に非常に便利です。

それではこのデータからSVMを学習しましょう（ リスト1.6 ）。

リスト1.6 データからSVMを学習

In

```
from sklearn import svm

clf = svm.SVC()
clf.fit(iris.data[:-1], iris.target[:-1])
```

Out

```
SVC(C=1.0, cache_size=200, class_weight=None, coef0=➡
0.0,
        decision_function_shape='ovr', degree=3, gamma=➡
'auto', kernel='rbf',
      max_iter=-1, probability=False, random_state=None, ➡
shrinking=True,
        tol=0.001, verbose=False)
```

　学習は fit 関数を用いて行います。今回は教師あり学習のため入力データと出力データを fit 関数の引数として与えています。

　また学習を行うデータと予測を行うデータを分割するのですが、今回は使い方を紹介するためだけなので、配列の最後の1つのデータ以外を学習に使い、配列の一番最後のデータを予測します（**リスト1.7**）。

リスト1.7 fit関数を用いて学習させる

In

```
clf.predict(iris.data[-1:]), iris.target[-1:]
```

Out

```
(array([2]), array([2]))
```

　予測は predict 関数で行います。predict 関数の返り値とデータの値が同じなため、予測が正しくできていることがわかります。

　このようにして scikit-learn を用いて予測を行うことができました。

　scikit-learn には多くのアルゴリズムが実装されていること、そしてそれらのアルゴリズムを今回のように共通の仕組みの中で簡易に扱えるのが特徴です。

　本書では機械学習のアルゴリズムの実行にはほとんどすべて scikit-learn を用います。

🔷 1.4.3 matplotlibのインストールと利用

次にグラフなどの描画に用いられるmatplotlibの紹介をします。

特にJupyter Notebook、そして次の項で紹介するPandasと組み合わせると非常に便利にデータの可視化を行うことができます。

matplotlibのインストールもこれまで紹介したライブラリと同様に`pip`コマンドを用いて行います。

[ターミナル]

```
(env) $ pip install matplotlib
```

Jupyter Notebook上でmatplotlibから描画した結果を確認するには、**リスト1.8**のコマンドを実行する必要があります。

リスト1.8 Jupyter Notebook上でmatplotlibから描画した結果を確認する

In

```
%matplotlib inline
```

それではまず`sin`関数を描画してみましょう（**リスト1.9**）。

リスト1.9 sin関数を描画する

In

```
import numpy
from matplotlib import pyplot

x = numpy.arange(-5, 5, 0.1)
y = numpy.sin(x)
```

In

```
x[:10], y[:10]
```

Out

```
(array([-5. , -4.9, -4.8, -4.7, -4.6, -4.5, -4.4, ➡
-4.3, -4.2, -4.1]),
 array([0.95892427, 0.98245261, 0.99616461, 0.99992326, ➡
0.993691  ,
        0.97753012, 0.95160207, 0.91616594, 0.87157577, ➡
0.81827711]))
```

In

```
pyplot.plot(x, y)
```

Out

```
[<matplotlib.lines.Line2D at 0x113fb0320>]
#図1.11を参照
```

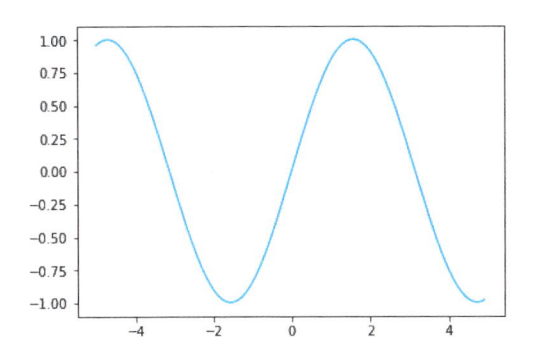

図1.11 sin関数

　このように plot 関数を用いて、sin 関数を描画することができました。
　描画できるグラフの種類は様々です。例えば "o" を指定すると大きな点で描画
することができます（ **リスト1.10** ）。

リスト1.10 グラフを描画する

In

```
pyplot.plot(x, y, "o")
```

Out

```
[<matplotlib.lines.Line2D at 0x11403f630>]
#図1.12を参照
```

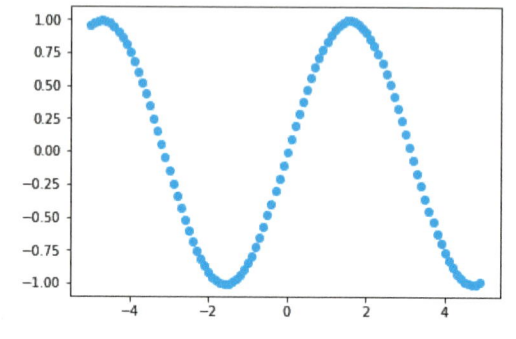

図1.12 "o"を指定

matplotlibとPandasを組み合わせることでデータの可視化をますます便利に行うことができます。

先程のirisデータセットを可視化してみましょう。

1.4.4　Pandasのインストールと利用

本項ではPandasのインストールと、Pandasでできることを簡単に紹介します。Pandasのインストールも同様に`pip`コマンドを用いて行います。

［ターミナル］

```
(env) $ pip install pandas
```

Pandasはデータの加工や集計に非常に適しており、機械学習におけるデータの前処理と呼ばれる段階において非常に有効なライブラリです。

まずは先程のirisデータセットをPandasで読み込んでみましょう（**リスト1.11**）。

リスト1.11 irisデータセットをPandasで読み込む

In

```
import pandas
from sklearn import datasets
```

```
iris = datasets.load_iris()
iris_df = pandas.DataFrame(iris.data, columns=iris.➡
feature_names)

iris_df.head()
```

Out

	sepal length (cm)	sepal width (cm)	petal length (cm)	petal width (cm)
0	5.1	3.5	1.4	0.2
1	4.9	3.0	1.4	0.2
2	4.7	3.2	1.3	0.2
3	4.6	3.1	1.5	0.2
4	5.0	3.6	1.4	0.2

　Pandasではデータフレームという形式でデータを表現します。データフレームには様々な機能があり、データの集計や可視化に役立ちます。

　まず、本項ではデータの集計について紹介します。describeメソッドは各カラムの平均値、最大値、最小値といった集計値を見ることができ、データの特性を把握するのに役立ちます（ **リスト1.12** ）。

リスト1.12 各カラムの平均値、最大値、最小値

In

```
iris_df.describe()
```

Out

	sepal length (cm)	sepal width (cm)	petal length (cm)	petal width (cm)
count	150.000000	150.000000	150.000000	150.000000
mean	5.843333	3.054000	3.758667	1.198667
std	0.828066	0.433594	1.764420	0.763161
min	4.300000	2.000000	1.000000	0.100000
25%	5.100000	2.800000	1.600000	0.300000
50%	5.800000	3.000000	4.350000	1.300000
75%	6.400000	3.300000	5.100000	1.800000
max	7.900000	4.400000	6.900000	2.500000

sort_valuesメソッドでは指定したカラムで、データを並び替えることができます（リスト1.13）。

リスト1.13 指定したカラムで、データを並び替える

In

```
iris_df.sort_values('sepal length (cm)').head()
```

Out

	sepal length (cm)	sepal width (cm)	petal length(cm)	petal width (cm)
13	4.3	3.0	1.1	0.1
42	4.4	3.2	1.3	0.2
38	4.4	3.0	1.3	0.2
8	4.4	2.9	1.4	0.2
41	4.5	2.3	1.3	0.3

In

```
iris_df['sepal total length (cm)'] = iris_df['sepal ➡
length (cm)'] + iris_df['sepal width (cm)']
```

In

```
iris_df['sepal total length (cm)'].head()
```

Out

```
0    8.6
1    7.9
2    7.9
3    7.7
4    8.6
Name: sepal total length (cm), dtype: float64
```

　各カラムの値にはカラム名をキーとしてアクセスでき、カラム同士の演算を行うこともできます。

　このようにデータの集計や加工に役立つ様々な機能が提供されています。

　そしてmatplotlibの機能を用いて可視化も便利に行うことができます（リスト1.14）。

リスト1.14 可視化を行う

In

```
iris_df.plot(x='sepal length (cm)', y='sepal width ➡
(cm)', kind='scatter')
```

Out

```
<matplotlib.axes._subplots.AxesSubplot at 0x116bf6e80>
# 図1.13を参照
```

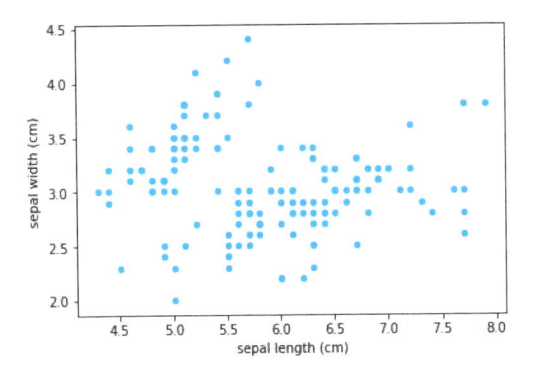

図1.13 可視化

ヒストグラムのようなグラフも容易に描画することができます（**リスト1.15**）。

リスト1.15 ヒストグラムを描画する

In

```
iris_df['sepal length (cm)'].hist()
```

Out

```
<matplotlib.axes._subplots.AxesSubplot at 0x116c09320>
# 図1.14を参照
```

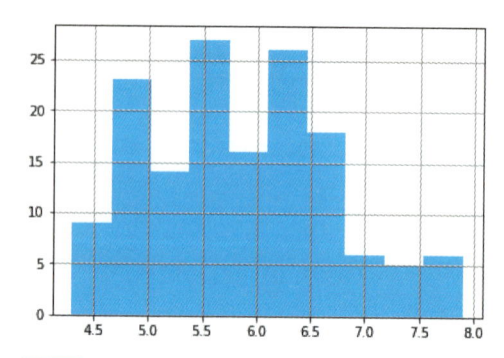

図 1.14 ヒストグラム

　このようにPandasを用いてデータの分析と可視化を簡単に行うことができます。

CHAPTER 2 機械学習を実務で使う

本章では、本書の導入として機械学習について概要と、実際の応用事例をコードを交えて解説します。

本章では、なるべく数式を用いず、概念とソースコードの例のみで機械学習を解説します。

2.1 業務で機械学習を使う

> 業務で機械学習を用いる際には、「課題を明らかにし、定式化する」ことが重要です。本章では課題を機械学習で解決できる段階まで落とし込む例について解説します。

2.1.1 機械学習について

　近年ではデータ処理技術の向上や計算機の処理能力の向上の影響、さらには活用可能なデータの増加に伴い、「AI」、「人工知能」などの用語が一般大衆の人たちにも広がっています。そのため、「AIを使いたい」という要望が、技術者や研究者に限らず、経営層やその他非技術職から出ることも多くあるという話を耳にします。筆者も実体験として、人工知能や周辺技術と関わってこなかったような方々から「人工知能（AI）を用いて面白いことをしたい」などの相談を受けたことがあります。しかし、そういった事例では、「人工知能（や機械学習）を導入すること」が目的になっていることが多く、人工知能（や機械学習）は手段であるという視点が欠けています。また、データさえそろえば集計のみで済む、もしくは、A/Bテストのような比較で解決できる問題であったり、そもそも解決不可能な問題であることも散見されます。本書で紹介する範囲においての機械学習では、人間によって定式化された入力に対して、定式化された出力をすることしかできません。

2.1.2 入出力の定式化

　まず、 図2.1 のように解くべき問題が「何を入力として」「何を出力するか」をイメージする必要があります。入力されたデータを処理（計算）し、任意の出力を出す関数をモデルと呼びます。株価予測の問題であれば「現時点より前の株価の時系列での推移」を入力に、「特定の日での株価」を出力すればよいでしょう。もし、「AIでお金儲けをしたい」という目的であれば、株価予測で事足りるかもしれません。入力が複雑だったり、得られた出力が的確であったり、人間味があれば人はシステムに対して「知能」や「知性」を感じることでしょう。

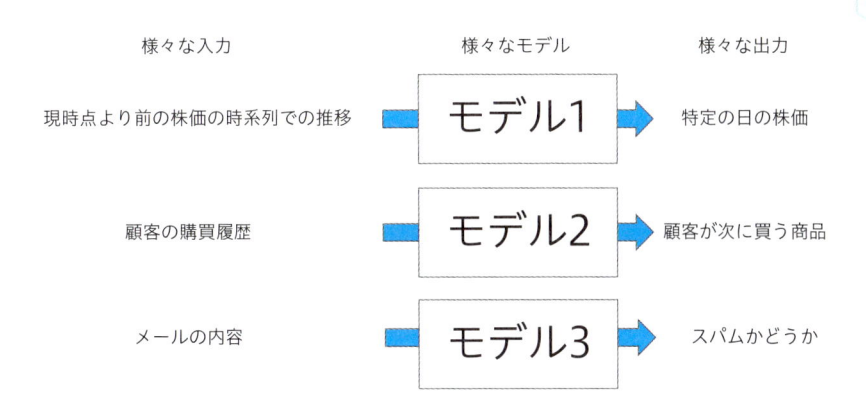

様々な入力　　　　　様々なモデル　　　　様々な出力

現時点より前の株価の時系列での推移　→　モデル1　→　特定の日の株価

顧客の購買履歴　→　モデル2　→　顧客が次に買う商品

メールの内容　→　モデル3　→　スパムかどうか

入力や課題に応じてモデルは変化する

図2.1 様々な「入力」「モデル」「出力」

　繰り返しになりますが、あくまで機械学習は問題を解くための手段であり、解くべき課題および手法のあたりをつけ、定式化することが非常に重要です。

　本章では機械学習の理論に入る前にいくつか実際に起こりうるであろう課題の例を示すことで以降の理論の理解の助けになればと思います。

2.1.3　課題を明らかにする

　さて、ビジネスの場で機械学習を用いることを考えていきましょう。

　例えば、あるサービスの売上を最大化するために、「有料会員数を伸ばしたい」という問題設定があったとします。この課題を解決する際に機械学習を応用することを考えます。まず、制約条件なしに有料会員を伸ばすだけであれば広告費を大量に投下するなどの方法で解決できる問題かもしれません。多少ブレイクダウンし、「（広告費の投下ではなく）サービスの質を向上させることでサービスの有料会員数を伸ばしたい」にするとよいですが、「サービスの質」のような抽象的な問題は、現代の機械学習で直接解くには適していません。

　そこで例えば、「解約数を減少させることでサービスの有料会員数を伸ばしたい」まで課題を定式化できれば、ある程度機械学習で解決可能な領域まで持っていくことができます（**図2.2**）（この場合は「月（or週）の解約数」が改善のために負うべき指標となります。世間ではこれをKPIと呼びます（**参考** 『Lean Analytics ―スタートアップのためのデータ解析と活用法 』（アリステア・クロール、ベンジャミン・ヨスコビッツ 著、林 千晶 解説、エリック・リース 編

集、角 征典 翻訳、オライリージャパン、2005年1月）やMicrosoftの論文など）。課題のブレイクダウンの仕方などは、『イシューからはじめよ──知的生産の「シンプルな本質」』（安宅和人著、英治出版、2011年4月）などのビジネス書を参考にするとよいでしょう。

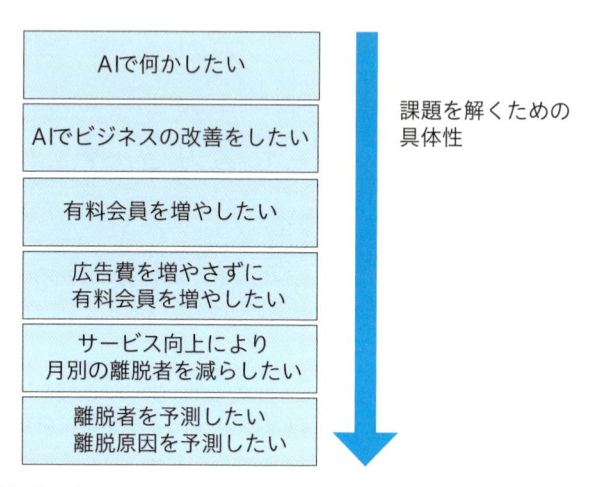

図2.2 課題の洗い出し

🎲 2.1.4　実問題での例

　それでは、「解約数を減少させる」問題を機械学習で解くことを考えてみます。まず、過去の会員の行動（これを説明変数などという）をもとに「解約した」か「継続した」かの2値（これを目的変数などと呼ぶ）、もしくは特定の群の継続確率を予測するモデルを作成します。

　説明変数は、

- 会員が利用をはじめた期間
- 会員がサービスを知ったきっかけ
- 会員が特定の行動を取った回数

などが考えられます。

　ここで注意していただきたいのが、例えばデータが少ない、サービスを受けた期間が短い、サービスを使いはじめるに至った経路の種別が少ないなどの場合には、単純な集計で明らかな結果が出るなど、機械学習を必要としない場合もあります。

　例えば **表2.1** では明らかにキャンペーンBの離脱率が低いという判断ができます（人数が増えると変化する場合もありますので注意が必要です）。

表2.1 経路による離脱率（集計のみで明らかな差が出る場合）

	獲得ユーザ	離脱ユーザ	離脱率
キャンペーンA	1000	100	10%
キャンペーンB	700	35	5%

　さらに、機械学習を用いて課題を解決するとなった場合に、手法の選定においても、

- 解約が予測される会員向けにアクションする
- 解約する前の特定行動を改善する

など、機械学習導入後のアクションによって異なります。

　前者の場合には予測精度が高いモデルを選定すればよいですが、後者の場合には決定木やロジスティック回帰など解釈性の高いモデルを利用するほうが適しています。そして、実際にモデルを構築した後も、解約数が減少しているかを検証する必要があります。実際に解約率を予測する方法を次の節で解説します。

　さらに、注意すべき点としては、解約数のみに焦点を絞ると、

- クーポンを積極的に利用している
- 割引商品を購入した回数

などの効果が高くなる場合もあります。この場合は、サービスをそもそも値下げする必要などが出てくるなど、解約数は減少しても、売上自体に悪影響が出る可能性があります。

　また、そもそもモチベーションが高いユーザ（多様な行動をよくするユーザ）は解約しづらいという結果になった場合にも、行動数をサービス側からのアクションで高くすることは難しく、注意が必要です。

　また、「今まで人手で行っていた作業を自動化して、コストカットしたい」も機械学習で解くことのできる課題です。今後の章で解説しますが、教師あり学習で分類を行うことで、スパムメールの判定などの文書分類や、製品の異常値判定なども可能になります。

　他にも、インターネット広告においてユーザがクリックするかどうかを予測したい場合には、教師あり学習を用います。また、ユーザアンケートで回答した

ユーザのグルーピングを行うために、教師なし学習を用いてユーザをクラスタリングするなど、解決したい問題の設定により手法の合う/合わないがあります。

本章では、Webサービスで機械学習を使う際の実例を解説します。

 MEMO

参考文献

以下の書籍も参考にしてください。

- 『Lean Analytics: Use Data to Build a Better Startup Faster』
  （Alistair Croll, Benjamin Yoskovitz, O'Reilly Media, March 2013）
  URL https://www.amazon.co.jp/Lean-Analytics-Better-Startup-Faster-ebook/dp/B00AG66LTM

- 『Data-Driven Metric Development for Online Controlled Experiments: Seven Lessons Learned』
  （Xiaolin Shi*, Yahoo Labs; Alex Deng, Microsoft KDD '16）
  URL https://www.exp-platform.com/Documents/2016KDDMetricDevelopmentLessonsDengShi.pdf

- 『イシューからはじめよ—知的生産の「シンプルな本質」』
  （安宅和人著、英治出版、2010年11月）
  URL https://www.amazon.co.jp/dp/4862760856/

機械学習を実務で使う

2.2 サンプルデータで教師あり学習を試す

> 先程定義した問題を実際にscikit-learnのサンプルで近似して試してみましょう。

2.2.1 分類の例を試してみる

第1章でインストールしたscikit-learnにはいくつかサンプルがあります。

そこで「過去の会員の行動（これを説明変数などという）をもとに「解約した」か「継続した」かの2値（これを目的変数などと呼ぶ）、もしくは特定の群の継続確率を予測するモデルを作成する」という課題を考えましょう。この課題は、正解不正解（「解約した」「継続した」）のラベルがついたデータさえあれば、「教師あり学習」で解決できます。

しかし、設定された課題により、「予測精度さえ高ければよい」、「ある程度要因に説明性や解釈が必要」など、最終的な目的が異なります。そのため、モデルを選択する際には注意が必要です。今回の例では、サービスに何か課題があると仮定して、「解約する前の特定行動を改善する」ことを考えます。

ここでは2値分類の例として、`sklearn.datasets`の`load_breast_cancer`（乳がんの判定）をアレンジしたデータ用います。

- **sklearn.datasets.load_breast_cancer**
  URL　http://scikit-learn.org/stable/modules/generated/sklearn.datasets.load_breast_cancer.html#sklearn.datasets.load_breast_cancer

リスト2.1 のコードの通り、`sklearn.datasets`の`load_breast_cancer`以下の`data`に特徴量が格納されています。

`data`の`sample`数は569個で、特徴量は30次元の配列（ベクトル）になります。

In

```python
from sklearn.datasets import load_breast_cancer
import pandas as pd
sample = load_breast_cancer()
print('sampleの数: {}'.format(len(sample.data)))
print('sampleの中身: {}'.format(sample.data[0]))
print('各sampleの特徴量の数: {}'.format(len(sample.➡
data[0])))
```

Out

```
sampleの数: 569
sampleの中身: [1.799e+01 1.038e+01 1.228e+02 1.001e+03 ➡
1.184e-01 2.776e-01 3.001e-01
 1.471e-01 2.419e-01 7.871e-02 1.095e+00 9.053e-01 ➡
8.589e+00 1.534e+02
 6.399e-03 4.904e-02 5.373e-02 1.587e-02 3.003e-02 ➡
6.193e-03 2.538e+01
 1.733e+01 1.846e+02 2.019e+03 1.622e-01 6.656e-01 ➡
7.119e-01 2.654e-01
 4.601e-01 1.189e-01]
各sampleの特徴量の数: 30
```

また、各sampleに対しての分類結果（陽性であれば1、陰性であれば0となる）はtargetに格納されており、sampleの数と一致します（リスト2.2）。

リスト2.2 分類結果

In

```python
print('targetの数: {}'.format(len(sample.target)))
print('targetの中身: {}'.format(sample.target[0:30]))
```

Out

```
targetの数: 569
targetの中身: [0 0 0 0 0 0 0 0 0 0 0 0 0 0 0 0 0 0 0 1 1 ➡
1 0 0 0 0 0 0 0]
```

実際のモデルに適用する際には、

- sampleの特徴量＝性別、ユーザの特定行動の数などの取得できるデータ
- targetの分類結果＝離脱したか否か

の例と同様になるかと思います。

試しにSVM（サポートベクターマシン）を用いて分類問題を解いてみましょう。

第3章でSVMの詳細については解説するので、ここではとりあえず、下記のコードを実行してみましょう（**リスト2.3**）。

- **sklearn.svm.SVC**
  URL http://scikit-learn.org/stable/modules/generated/sklearn.svm.SVC.html

リスト2.3 sklearn.svm.SVCの実行

In

```
from sklearn.svm import SVC
clf = SVC(kernel='linear')

x = sample.data
y = sample.target

from sklearn.model_selection import ShuffleSplit
ss = ShuffleSplit(n_splits=1, random_state=0, ➡
test_size=0.5, train_size=0.5)
train_index, test_index = next(ss.split(x))
x_train = x[train_index]
y_train = y[train_index] # 学習用回答
x_test = x[test_index]  # テスト用データ
y_test = y[test_index]  # テスト用回答

clf.fit(x_train, y_train)

clf.score(x_test, y_test)
```

Out

```
0.9578947368421052
```

精度95.8%で分類できました（もしも、読者の方がプレゼンテーションやレ

ポートで用いる場合には出力そのままではなく、有効数字で丸めたほうが親切でしょう）。精度は平均正解率（**mean accuracy**）を採用しています（モデルの評価方法も、課題によって異なります）。

　今回与えられた課題は、「解約する前の特定行動を改善する」であるため、結果の解釈が必要になります。しかし、前の例で実装したSVMでは結果の解釈をすることがなかなか難しくなります。

2.2.2 　決定木で分類する

　そこで、次に決定木を用いて分類問題を解いてみます（ **リスト2.4** ）。

リスト2.4 決定木で実行

In

```
from sklearn.tree import DecisionTreeClassifier
clf = DecisionTreeClassifier(max_depth=3)
clf = clf.fit(x_train, y_train)

from sklearn.metrics import accuracy_score
predicted = clf.predict(x_test)
score = accuracy_score(predicted, y_test)

score
```

Out

```
0.9263157894736842
```

　精度92.6%で分類することができました。精度はSVMに劣りますが、決定木はその名の通り、木構造で分類の過程可視化することができます。可視化にはgraphvizというライブラリを用います（ **リスト2.5** ）。なお、 **リスト2.5** を実行する前に、brewコマンドでgraphvizをインストールいておいてください。

```
（env）$ brew install graphviz
```

- **sklearn.tree.export_graphviz**
  URL　http://scikit-learn.org/stable/modules/generated/sklearn.tree.export_graphviz.html

リスト2.5 可視化

In

```
from sklearn import tree
import pydotplus
tree.export_graphviz(clf, out_file='tree.dot')
```

可視化することで要因の説明がしやすくなります。

以上の例のように決定木では結果の解釈がしやすく、SVMを用いた場合には結果の解釈が難しくなることがわかります。

しかし、精度が高ければ、離脱が予測されるユーザにクーポンを送るなどの施策を行うなども考えられます。

そして、決定木の場合には特定行動が少ないユーザは離脱しやすいと予測された場合にはその行動を促すチュートリアルを導入するなどが考えられます。

リスト2.6 のコマンドで画像にしてみましょう。**図2.3** がjupyter notebookのファイルがあるディレクトリに生成されます。

リスト2.6 可視化コマンド

In

```
!dot -Tpng tree.dot -o tree.png
```

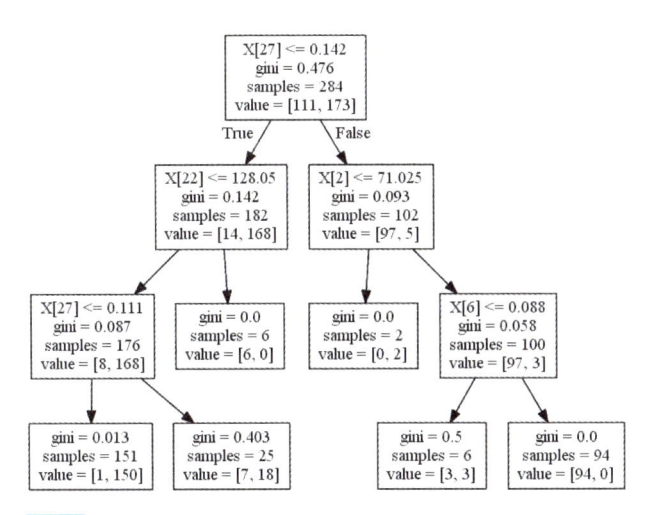

図2.3 決定木の可視化の例

可視化した 図2.3 を見ると一番上の要素は x[27] となっています（ リスト2.7 ）。

リスト2.7 要素の抽出

In

```
sample.feature_names[27]
```

Out

```
'worst concave points'
```

このように分岐が可視化されるので、説明が容易になります。

🔷 2.2.3　実際にありそうな問題で考える

それではより具体的なデータセットで考えてみましょう。

特定のサイトで 表2.2 のようなデータがあったと仮定します。前述のサンプルと同様に決定木で解いていきましょう。

なおここでは、わかりやすさのため sklearn.datasets の load_breast_cancer をアレンジしたデータを用いています。

表2.2 データセット

ユーザID	FAQ閲覧回数	ページ遷移数	商品閲覧回数	継続or離脱
1	2	0	2	true
2	5	4	4	false
3	8	1	5	false
・	・	・	・	
・	・	・	・	
500	3	1	3	true

アレンジしたデータは リスト2.8 の関数で作成しています。

リスト2.8 アレンジしたデータリスト

In

```python
import numpy as np
# ダミーデータの生成
def normalize(x):
    min = x.min()
    max = x.max()

    result = (10 * (x-min)/(max-min)).astype(np.int64)
    return result
dummy_x = x[:, [0, 6, 27]]
dummy_y = y
dummy_x[:,0] = normalize(dummy_x[:,0])
dummy_x[:,1] = normalize(dummy_x[:,1])
dummy_x[:,2] = normalize(dummy_x[:,2])


from sklearn.model_selection import ShuffleSplit
from sklearn.tree import DecisionTreeClassifier
from sklearn.metrics import accuracy_score

ss = ShuffleSplit(n_splits=1, random_state=0, ➡
test_size=0.5, train_size=0.5)
train_index, test_index = next(ss.split(dummy_x))
x_train = dummy_x[train_index] #学習用データ
y_train = dummy_y[train_index] #学習用回答
x_test  = dummy_x[test_index]  #テスト用データ
y_test  = dummy_y[test_index]  #テスト用回答


clf = DecisionTreeClassifier(max_depth=3)
clf = clf.fit(x_train, y_train)
predicted = clf.predict(x_test)
score = accuracy_score(predicted, y_test)


from sklearn import tree
import pydotplus
tree.export_graphviz(clf, out_file='dummy_tree.dot')


score
```

Out

```
0.9228070175438596
```

精度は92.3%程度になりました。可視化してみましょう（ **リスト2.9** 、 **図2.4** ）。

リスト2.9 可視化コマンド

In

```
!dot -Tpng dummy_tree.dot -o dummy_tree.png
```

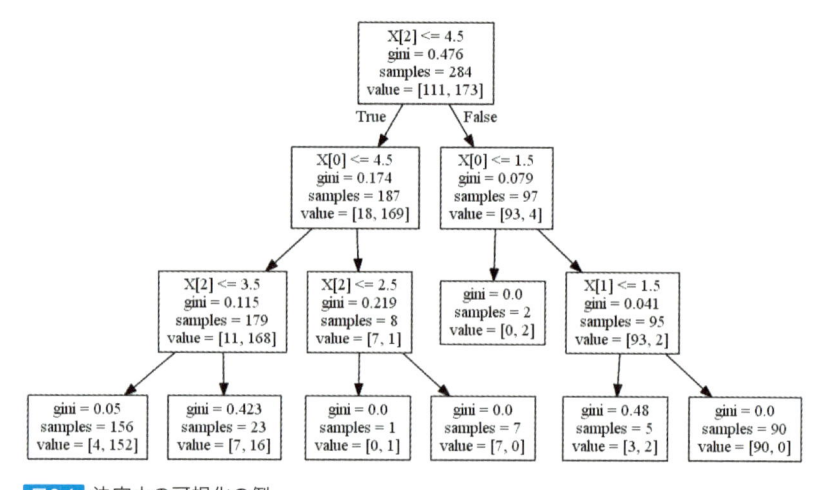

図2.4 決定木の可視化の例

　この場合、X[2]の商品閲覧回数が多ければ離脱しない（5以上）というような説明をすることができるでしょう。

2.2.4　実問題に応用する際の注意点

　分類したモデルでデータを解釈する場合には、あくまで取得されているデータでの検証になります。実問題に応用する際には、他に潜在的な変数がないか調査する、また、実際に効果があるかどうかをA/Bテストなどを用いてオンラインで試して効果を確認する必要があります。

2.3 サンプルデータで 教師なし学習を試してみる

今度は、「ユーザアンケートでどういうグループがいるかを把握するために教師なし学習を用いてユーザをクラスタリングする」事例を考えてみましょう。

2.3.1 教師なし学習

教師なし学習とは、2.2節で紹介した「教師あり学習」と異なり正解がない状態で「パターン」を見つけるものです。

例えば、上記の「ユーザアンケートでどういうグループがいるか」を分析する場合を考えてみましょう。2.2節で挙げたような教師あり学習でユーザ分析を行う場合には、代表的なユーザ（ログインが多い、コメントが多いなど）を「人手」などでラベルをつける必要があります。

しかし、データが多い場合には（ 図2.5 ）、かなりの作業量が要求されますし（クラウドソーシングで行うなどの方法もありますが）、人手というバイアスがかかってしまいます。そこで、教師なし学習の出番になります。データの特徴を、機械的に抽出することでバイアスをなくしさらに人の作業を楽にすることができます。

グループ化されていないデータ

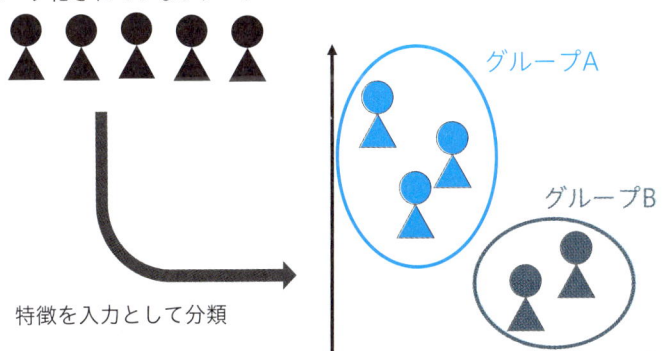

特徴を入力として分類

図2.5 グループ化されていないデータを分類する

多くの教師なし学習では、データ間の類似度などを用いてクラスタ（グループ、塊）に分けていきます。実データでは、カテゴリカルなデータ（商品ID、出身、

アンケートの回答、曜日など）も多く、また次元も大きくなるため、主成分分析やLDA（Linear Discriminant Analysis：線形判別分析）などで次元を落としてからグループに分けることも多くあります。

　代表的な手法にはk-平均法に代表されるクラスタ分析、主成分分析などが挙げられます。詳細については第3章に譲ります。

● 実務の課題における教師あり学習との違い

　事前にラベルを付与している教師あり学習と異なり、結果の解釈が重要になります。教師あり学習の場合は、モデルの精度もしくはモデルの変数の重みなどで説明性を考慮すればよいのですが、教師なし学習の場合には結果の解釈が重要になります。入力となるデータを用いて説明する、クラスタの人数を用いる、他のデータと組み合わせて仮説を立てるなどの工夫が必要になります。

2.3.2　サンプルを用いてscikit-learnで試す

サンプルデータを用いて実際に教師なし分類をコードで実行します。

● テストデータの作成

　教師あり学習と同様に、実際に問題を解く場合には集めたデータをベクトル化し、入力データとします（なお、現実の問題で収集されるデータは、気温などの数値データから、商品名などのカテゴリカルデータ、掲載順などの順位尺度など、多種多様なので注意が必要。データの詳細については第4章で解説する）。

　入力データの整形の方法については第4章で詳細を記述します。

　ここでは、テストデータとして `sklearn.datasets` のサンプルから `make_blobs` を用います。

- ● sklearn.datasets.make_blobs
  URL　http://scikit-learn.org/stable/modules/generated/sklearn.datasets.make_blobs.html

　ここで生成するサンプルのパラメータは、リスト2.10 のように設定します。

　可視化の際のわかりやすさのため、2種類の特徴量を持ったサンプルを考えます。

リスト2.10 サンプルのパラメータ

```
make_blobs(
    n_samples=1000,
    centers=5,
    n_features=2,
    random_state=0
)
```

リスト2.10 の各要素は以下の通りです。

- n_samples：1000　サンプルデータの数（データの数）
- centers：5　グループの中心の数（※実データでは未知の値になっており、いくつのグループに分けるかも分析者が決定することが多い）
- n_features：2　特徴量の数（※実データにおけるベクトル化された特徴。ユーザの年齢や行動回数などが入る）
- random_state：0　サンプルデータを生成する際の乱数のシード。このサンプルではあまり気にしない

make_blobsの返り値は2つあります。Xはサンプルの特徴量で、n_features個の特徴量を持った、n_samplesの長さを持つ配列（n_samples × n_featuresの行列）、出力yは指定したcentersの何番目かを示す値になっています。

具体的には リスト2.11 ❶のように、

$$X, y = hogehoge$$

と書くことができます。なお、値が行列の場合にscikit-learnでは大文字の変数名を用いることが多くなっています。

リスト2.11 表を描画

In

```
# jupyter notebook内で表を描画可能になる
%matplotlib inline
import numpy as np
import matplotlib.pyplot as plt

from sklearn.datasets import make_blobs
```

```
# http://scikit-learn.org/stable/modules/generated/➡
sklearn.datasets.make_blobs.htmlを参照

X, y = make_blobs(n_samples=1000,
                  centers=5,
                  n_features=2,
                  random_state=0)      ❶

# わかりやすさのため[0, 100]の範囲で正規化する
def normalize(x):
    min = x.min()
    max = x.max()
    result = (100 * (x-min)/(max-min)).astype(np.int64)
    return result

X = normalize(X[:, ])
```

　Xをprint関数で出力するとn_features個の特徴量を持った、n_samplesの長さを持つ配列（n_samples × n_featuresの行列）になっていることがわかります（**リスト2.12**）。

リスト2.12 出力

In

```
print('X shape: {}'.format(X.shape))
print('X: {}'.format(X))
```

Out

```
X shape: (1000, 2)
X: [[22 79]
 [21 46]
 [44 39]
 ...
 [21 44]
 [16 68]
 [91  4]]
```

　具体的な例として、**表2.3**のように1年間の投稿型のサイト（SNS）のユーザ行動ログを集計したと考えます。

表2.3 1年間の投稿型のサイト（SNS）のユーザ行動ログの集計

ユーザID	投稿数	他ユーザの投稿の閲覧数
1	22	79
2	21	46
3	44	39
・	・	・
・	・	・
1000	91	4

　表2.3 のデータを用いて、どういう傾向のユーザがいるかを抽出するために、実際にクラスタリングを試してみましょう。

　クラスタリングの代表的なアルゴリズムであるk-平均法を用いて、先ほど生成したXをクラスタリングしてみましょう。

　試しに **リスト2.13** のパラメータで実行してみます。

リスト2.13 実行

```
KMeans(
    n_clusters=2,
    random_state=0
)
```

　リスト2.13 の各要素は以下の通りです。

- n_clusters：2　分けたいクラスタの数（※サンプルデータでは5になっているが、分析者はパラメータを知らないため、この例では2で設定する）
- random_state：0　サンプルデータを生成する際の乱数のシード。今回のサンプルではあまり気にしない

　サンプルデータ生成の際にも random_state を用いていますが（ **リスト2.14** ）、k-平均法は結果が初期値に依存するため、実務で使用する際には注意してください。

リスト2.14 散布図の描画

In

```
from sklearn.cluster import KMeans

y_pred = KMeans(n_clusters=2, random_state=0).➡
fit_predict(X)

# 散布図で結果を描画する
plt.scatter(X[:, 0], X[:, 1], c=y_pred)
```

Out

```
<matplotlib.collections.PathCollection at 0x25dc74955c0>
# 図2.6 を参照
```

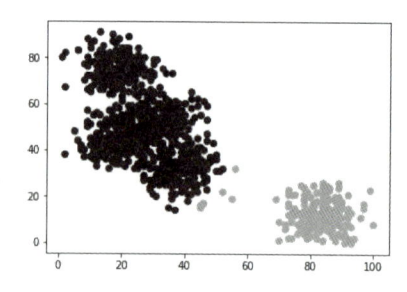

図2.6 散布図の描画

　実際は5つのグループに分割されるはずですが、2つのグループにも分割することができています。

　結果の解釈としては、投稿よりも閲覧が多いユーザと投稿よりも閲覧が少ないユーザに分類できています。

　上記の表の例の分類結果を見てみましょう（**リスト2.15**）。

リスト2.15 分類結果

In

```
print(y_pred[0:3])
print(y_pred[999])
```

Out

```
[0 0 0]
1
```

IDが1〜3のユーザには「0」のラベルが、1000のユーザには「1」のラベルが付与されています。「0」は投稿型ユーザ、「1」は閲覧型のユーザであると解釈できるでしょう。

人の目で見てもわかるものですが、クラスタリングにより自動的にラベルを付与することができました。

また、それぞれの割り当ての人数を見てみましょう（ **リスト2.16** ）。

リスト2.16 ラベルの表示

In

```
print('ラベル0の人数: {}'.format(len(np.where(y_pred==1)➡
[0])))
print('ラベル1の人数: {}'.format(len(np.where(y_pred==0)➡
[0])))
```

Out

```
ラベル0の人数: 206
ラベル1の人数: 794
```

サンプルでは2次元の特徴で分類したため、人の目でもわかるようなグルーピングがされていますが、（ **表2.4** ）、次元が大きくなるほどに人力での分類は難しくなるので、クラスタリングはより効果的になるでしょう。また、k-平均法では距離を用いて分類を行うので、データを整形し、特徴量を生成することも重要になります。詳細は第4章で述べます。

表2.4 分類結果

ユーザID	投稿数	他ユーザの投稿の閲覧数	分類結果
1	22	79	0
2	21	46	0
3	44	39	0
・	・	・	・
・	・	・	・
1000	91	4	1

この例（ リスト2.10 ）でcenters=5としており、5つの中心を持つグループを作成していますが、実世界ではあらかじめ定まったパターンなどはないので、分析する際の仮説に基づいた数を設定するのがよいでしょう。

参考のため、 リスト2.17 に5つに分割した場合のコードを示します。

リスト2.17 5つに分割した例

In

```
y_pred = KMeans(n_clusters=5, random_state=0).➡
fit_predict(X)

plt.scatter(X[:, 0], X[:, 1], c=y_pred)
```

Out

```
<matplotlib.collections.PathCollection at 0x25dc7529be0>
#図2.7を参照
```

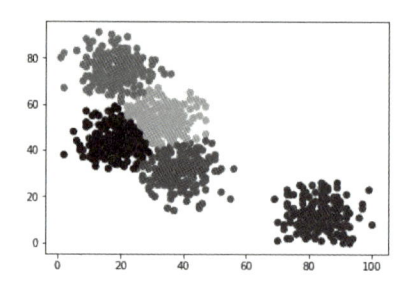

図2.7 5つに分割した例

ぜひ自分自身でパラメータを調整して試してみてください。

なおここで紹介したアルゴリズムについては、筆者が可視化を行ったものがありますので、参考にしてみてください。

- **Visualization of K-means**
  URL http://bl.ocks.org/keisuke-osone/099f07d2b967b4e29aef

2.4 まとめ

本章のまとめを紹介します。

　本章では、本書の導入として機械学習について概要と、実際の応用事例をコードとサンプルを交えて解説しました。

　scikit-learnのようなライブラリを用いれば短い行数のシンプルなコードで実装もできることがおわかりいただけたかと思います。

　ここまでの例を通じて「特定の問題に機械学習を用いる」ことはイメージできたかと思います。しかし、機械学習を実務で用いて、「現実の課題を機械学習で解決する」ためには、まだいくつか必要なことがあります。

- 問題設定およびデータの特性にあった手法の選定
- データの収集
- データの前処理

「問題設定およびデータの特性にあった手法の選定」のためには、手法に対する理解を深める必要があります。機械学習の理解に必要な数学も含め、いくつか代表的な手法を第3章で解説します。

　実務に応用する際のデータの収集やデータの加工などについては第4章で詳しく説明します。

CHAPTER 3 機械学習 理論編

本章では、scikit-learnを用いることで実装可能かつ実際の現場でよく用いられる機械学習アルゴリズムについて、主に理論的側面について学んでいきます。

実世界における問題を解くにあたって、どのアルゴリズム／手法を用いるかの選択は容易ではありません。「どのようなアルゴリズムがあり、それぞれの特徴とその仕組み」を理解しておくことはその選択だけでなく、その後の分析に非常に良い示唆をもたらします。

また、そもそも「機械学習とは何か」「教師あり学習とは何か」「教師なし学習とは何か」「機械学習の目的とは何なのか」についてしっかりと理解しておくと、実際の分析や学習が上手くいかない際に非常に役に立ちます。例えば「自身が向き合っている問題の数理的な問題設定がおかしいのではないか」のような本質的な疑問に立ち返ることができます。

そこで本章では、

- 機械学習アルゴリズムの理解に最低限必要な数学を学ぶ
- 機械学習の世界を数理的に整理する
- 教師なし／教師ありアルゴリズムの違いを理解する
- 基本的なアルゴリズムを数式を追いながら理解し、その特徴を学ぶ
- 数式だけではなく、その実装方法を学ぶ

といったことを目標とします。

機械学習の理論の世界に足を踏み入れる際に避けては通れないのが、数学です。ほぼすべてのアルゴリズムはその土台に数学があり、大学院で習うような高度な数学が必要なわけではありませんが、大学初年度で習う線形代数や微分積分の知識が必要です。それが昨今の人工知能ブームの中で機械学習の理論へ興味を持った初学者の障壁となっているようです。しかし、機械学習は数学やコンピュータ科学に深く根ざし、長い歴史を持つ学問ですので、当然一朝一夕で身につくものではないことは至極当然のように筆者は感じています。

本書で解説するアルゴリズムは、広範な機械学習分野の中でもほんの一握りのものに過ぎません。ですが、1つ1つしっかりと理解して自分なりに消化することができれば、その後自らの力で高度な書籍や論文に取り組み、実際の仕事に役立てることができると筆者は考えています。

3.1 数学的準備

ここでは機械学習の各種アルゴリズムを理論的に学ぶための準備として、最低限必要な数学を準備します。前提知識として高校理系数学の標準的な内容についての知識を仮定しますので、不安な読者の皆様はあらかじめおさらいしておきましょう。

3.1.1　本節の流れ

まず最初に「なぜ数学が必要なのか」というところからはじめ、徐々に数学の内容に入っていきます。その内容としては、

- 集合と関数
- 線形代数
- 微分
- 確率統計

となります。少々難しいかもしれませんが、機械学習の理論を学ぶのに必要不可欠なものばかりですのでしっかり身につけていきましょう。

なお、"機械学習の理論に必要な"または"機械学習の研究に必要な"数学は非常に広範で、とても一冊の技術書で網羅することはできません。そのため、ここで学ぶ数学の内容は機械学習の理論を学ぶ上で必要不可欠なものではありますが、必ずしも厳密性を保証するものではありません。もし本書を超えた内容に興味がある方は例えば、以下の書籍などを手に取ることをおすすめします。

- 『Understanding Machine Learning: From Theory to Algorithms』(Shai Shalev-Shwartz、Shai Ben-David、Cambridge University Press、2014)
- 『The Elements of Statistical Learning Data Mining, Inference, and Prediction, Second Edition』(Trevor Hastie、Robert Tibshirani、Jerome Friedmani、New York: Springer series in statistics, 2001)
  URL　https://web.stanford.edu/~hastie/Papers/ESLII.pdf

3.1.2　なぜ数学が必要なのか

読者の皆様の中には「どうして機械学習を学ぶのに小難しい数学が必要なんだ

ろう」と思っている方も多いかと思います。「機械学習に手を出そうと思ったが、大学の数学はわからないし難しい数式だらけで諦めた」という方も少なくないでしょう。最初に述べておきますが、機械学習で用いられる数学は初等的なものばかりで、それほどキャッチアップが難しいような代物ではありません。

それを踏まえて、なぜ機械学習には数学が必要なのでしょうか？

現在研究の主流にある機械学習分野は別名統計的機械学習とも呼ばれ、その基礎には数理統計学が見え隠れしています。つまり機械学習は推論の科学と密接な関係があります。数学に纏わる古い格言で、

Mathematics is the door and key to the sciences
数学は科学へと繋がる鍵となる

というものがあります。現在にいたるまで、推論の科学としての統計的機械学習はすべて「数学」という共通言語で記述され発展してきました。私たちはその門戸を叩くため、鍵となる数学を学ぶ必要があります。

実社会において、機械学習を用いることで解決したい問題に対しては必ず分析の対象となるデータが与えられています。データとは数学的対象としては数字または記号の配列です。従って、「機械学習＝数字からなる配列の分析」ということができます。さらにいうと数字の配列とは、後に解説するように数学上ベクトルと同義であり、なぜ機械学習が数学の言葉で記述されてきたのかを自然と理解できるでしょう。

🔹 3.1.3　集合と関数の基礎

ここでは、数学の基本的な概念である集合と関数の基礎を学んでいきます。

● 集合

まず集合についてです。本書（のみならず、現代数学を含む数理科学）で登場する数学はすべて集合の言葉を用いて記述されます。集合とは物の集まりのことです。3つの数字1、2、3からなる集合をSで表すとき、中括弧{}を用いて、

$$S = \{1, 2, 3\}$$

と表記します。ここで、集合の1つ1つのメンバーのことを元、または要素と呼びます。例えば集合$S = \{1, 2, 3\}$に対して1という数字はSの要素ということができます。このことを記号∈を用いて、

$$1 \in S$$

と表記します。Pythonではset型を用いて集合を表現することができます（ リスト3.1 ）。

リスト3.1 集合の例

In

```
# 集合の例
s = set()
s.add(1) ; s.add(2) ; s.add(3)
print("集合s = ", s)

# 数字が要素として含まれているかチェックする
for i in [1, 3, 5]:
    print("{}はsの要素である: ".format(i), i in s)
```

Out

```
集合s =  {1, 2, 3}
1はsの要素である:  True
3はsの要素である:  True
5はsの要素である:  False
```

集合の定義の方法として、

$$S = \{x \mid x に関する条件 P(x) を満たす\}$$

という記法があります。「集合 S は条件 $P(x)$ を満たす x からなる」という意味です。例えば、

$$S = \{x \mid x は偶数である\}$$

で定義される S はすべての偶数からなる集合となります（ リスト3.2 ）。

リスト3.2 集合の定義

In

```
# 50未満の偶数からなる集合を定義する
s = set([i for i in range(1, 50) if i % 2 ==0])
print(s)
```

Out

```
{2, 4, 6, 8, 10, 12, 14, 16, 18, 20, 22, 24, 26, 28, ➡
30, 32, 34, 36, 38, 40, 42, 44, 46, 48}
```

　集合Sに含まれる要素の一部からなる集合S'があったとします。このときS'は、Sの部分集合であるといい、記号$\subset$を用いて、$S' \subset S$と表記します。Pythonでは set 型に対するオペレータ<を用いて部分集合であるかどうかを判定することができます（ **リスト3.3** ）。

リスト3.3 集合の判定

In

```
# 部分集合か否かを判定する
s = set([1, 2, 3])
s_prime = set()
for i in [1, 4, 5]:
    s_prime.add(i)
    print(s_prime, "は{1,2,3}の部分集合である: ", s_prime < s)
```

Out

```
{1} は{1,2,3}の部分集合である:  True
{1, 4} は{1,2,3}の部分集合である:  False
{1, 4, 5} は{1,2,3}の部分集合である:  False
```

　2つの集合S_1、S_2が与えられたとき、それら2つを合わせた集合を和集合と呼び、$S_1 \cup S_2$という記号で表します。言い換えれば、和集合$S_1 \cup S_2$は、

$$S_1 \cup S_2 := \{s \mid s \in S_1 \quad \text{or} \quad s \in S_2\}$$

のように定められます。Pythonでは、set 型の union メソッドを用いることで和集合を得ることができます（ **リスト3.4** ）。

リスト3.4 和集合

In

```
S1 = set([3, 5, 10])
S2 = set([4, 5, 6])
print("S1 ∪ S2 =", S1.union(S2))
```

Out

```
S1 ∪ S2 = {3, 4, 5, 6, 10}
```

　逆に2つの集合に共通して所属している元からなる集合を$S_1 \cap S_2$で表し、共通部分と呼びます。つまり、

$$S_1 \cap S_2 := \{s \mid s \in S_1 \ \text{and} \ s \in S_2\}$$

で定義される集合です。Pythonでは、`set`型のメソッド`intersection`を用いることで共通部分を得ることができます（ リスト3.5 ）。

リスト3.5 共通部分

In

```
S1 = set([3, 5, 10])
S2 = set([4, 5, 6])
print("S1 ∩ S2 =", S1.intersection(S2))
```

Out

```
S1 ∩ S2 = {5}
```

　有限個の元からなる集合Sの元の数を$\#S$で表し、集合の大きさや濃度と呼ぶことがあります。Pythonでは、`len`関数に`set`型を渡すことで大きさを取得することができます（ リスト3.6 ）。

リスト3.6 集合の大きさ

In

```
S = set([i for i in range(1000)])
print("#S =", len(S))
```

Out

```
#S = 1000
```

代表的な集合

　本書で登場する代表的な集合について、その定義と記法をここで紹介しておきます。

すべての実数からなる集合を$\mathbb{R}$という記号を用いて表します。つまり、

$$\mathbb{R} := \{x \mid x \text{は実数}\}$$

により集合$\mathbb{R}$を定義します。より一般に、n個の実数のすべての組み合わせからなる集合を$\mathbb{R}^n$と表記します。

$$\mathbb{R}^n := \{(x_1, .., x_n) \mid x_i \in \mathbb{R} \ (i = 1, \ldots, n)\}$$

以下、この集合を n次元のユークリッド空間、または単に n次元空間と呼ぶことにします。

また、$a < b$という条件を満たす2つの実数$a, b \in \mathbb{R}$に対して、以下のような実数の部分集合もよく登場します。

$$[a, b] := \{x \in \mathbb{R} \mid a \leq x \leq b\}$$
$$\mathbb{R}_{>a} := \{x \in \mathbb{R} \mid a < x\}$$
$$\mathbb{R}_{\geq a} := \{x \in \mathbb{R} \mid a \leq x\}$$

● 関数

次に、機械学習を理解する上で最も重要な概念である関数について学んでいきます。プログラミングに慣れ親しんだ方であれば馴染みの深い言葉だと思いますが、改めて数学の立場から、「関数とは何か」について考えてみましょう。

Pythonにおける関数は$\tt def$構文を用いて定義されます（ リスト3.7 ）。

リスト3.7 関数

In

```python
from datetime import datetime

def f_1():
    """何も受け取らず現在時刻をprintする関数"""
    print(datetime.now())

def f_2(x : str):
    """文字列を受け取りprintする関数"""
    print(x)
```

```python
def f_3(x : int, y: int) -> int:
    """2つの整数を足し算した結果を返す関数"""
    return x + y
```

これら3つの関数 f_1、f_2、f_3 の間には、表3.1 のように明確に異なる点があります。

表3.1 関数

関数	説明
f_1	入力も出力もない
f_2	入力は存在するが出力は存在しない
f_3	入力も出力も存在する

集合の言葉で言い換えれば、表3.2 のようになります。

表3.2 集合

集合	説明
f_1	入力にも出力にも対応する集合が存在しない
f_2	すべての文字列からなる集合が入力に対応するが、出力が存在しない
f_3	すべての2つの整数の組み合わせからなる集合が入力に対応し、整数全体が出力に対応する

集合 A の元1つ1つに対して、B の元をただ1つ定める規則 f があったとき、f を集合 A から集合 B への関数と呼びます。このとき $f : A \rightarrow B$ と表記し、$a \in A$ の行き先を $f(a)$ と表すことがあります。また、f の規則を明示的にするために $f : A \rightarrow B,\ a \mapsto f(a)$ と表記することもあります。

上述の意味で関数であるのは、f_1、f_2、f_3 の中では f_3 のみになります。（"何も元が存在しない集合"の存在を認めると f_1、f_2、f_3 はすべて関数となりますが、ここでは議論の明確化のためにそのような集合の存在は認めないこととします）。より具体的には、

$$\text{f\_3} : \{(x,y) \mid x \text{と} y \text{は整数}\} \rightarrow \{z \mid z \text{は整数}\},\quad (x,y) \mapsto x+y$$

と書くことができます。

「なぜここで改めて関数という言葉の定義まで明確にする必要があるのだろう」と疑問を持つ読者の方もおられるかと思います。その理由は、世の中にある機械

学習システムは、ほとんどすべて数学的な意味で関数であるといえるからです。数学的な意味で、「関数とはどのようなものなのか」を理解すること、そして「機械学習で解きたい問題をどのように関数の言葉で解釈するか」を身につけることは、機械学習を実用化していく上で非常に大事になってきます。

　機械学習に関連する関数は、入力と出力に対応する集合 A が n 次元のユークリッド空間 $\mathbb{R}^n$、その部分集合、または有限個の元からなる離散的な集合であることがほとんどです。例えば、以下のような例があります。

迷惑メールを判別するシステム ＝ メールに含まれる単語の集合を入力したときに迷惑メールかどうかを出力する関数

- 入力の集合：単語の集合
- 出力の集合：{迷惑メールである, 迷惑メールでない}の離散的な集合

犬か猫かを判別する画像の認識システム ＝ 画像を入れたときに犬か猫か出力する関数

- 入力の集合：$\mathbb{R}^n$
  - 画像はピクセルの集まりなため実数の組み合わせと考えられる
- 出力の集合：$\{dog, cat\}$の離散的な集合

現在の株価から、1時間後の株価を予測するシステム ＝ 現在の株価を入力として、1時間後の株価を出力する関数

- 入力の集合：$\mathbb{R}$
- 出力の集合：$\mathbb{R}$

　このように、ほとんどすべての機械学習システムは関数として理解することができます。そのことを念頭に置いて、今まで触れてきた「人工知能」や「機械学習システム」と呼ばれていたものを見つめ直すと、数学的には何ら難しい概念ではなく、いたって簡単なものであることが理解できると思います。

合成関数

　2つの関数 $f : A \to B$ と $g : B \to C$ があるとき、合成関数 $g \circ f : A \to C$ を、

$$g \circ f(x) := g(f(x)), \quad x \in A$$

により、つまり合成関数 $g \circ f$ の $x \in A$ における値を g の $f(x) \in B$ における値と

定めることにより、定義することができます。

例えば、

$$f : \mathbb{R} \to \mathbb{R}, x \mapsto x + 2$$
$$g : \mathbb{R} \to \mathbb{R}, y \mapsto y^2$$

のときに、合成関数 $g \circ f : \mathbb{R} \to \mathbb{R}$ は、

$$g \circ f(x) = g(f(x)) = g(x + 2) = (x + 2)^2 = x^2 + 4x + 4$$

となります。機械学習モデルの中には、このような合成関数として表現されるものが多くあります。

● 基本的な関数

最後に、機械学習で多く登場するいくつかの関数について学んでおきます。高校数学で登場したものについても、改めて復習しておきます。

指数関数

指数関数とは（ 図3.1右 ）、

$$f(x) = \lim_{n \to \infty} \left(1 + \frac{x}{n}\right)^n$$

で定義される関数 $f : \mathbb{R} \to \mathbb{R}$ であり、$f(x) = e^x$ または $f(x) = \exp(x)$ と表記します。特徴的な性質として $\lim_{x \to \infty} e^x = \infty, \lim_{x \to -\infty} e^x = 0$ があります。

対数関数

対数関数とは、関係式 $x = e^{\log(x)}$ を満たす関数 $\log : (0, \infty) \to \mathbb{R}$ です（ 図3.1左 ）。

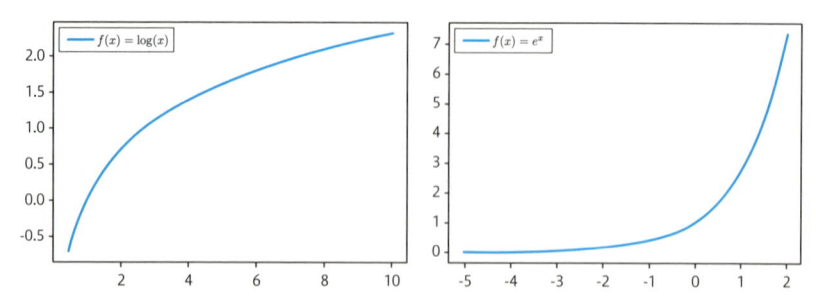

図3.1 対数関数と指数関数のグラフ

n次関数

正の整数nに対して、n次関数とは次のような形で表される関数$f : \mathbb{R} \to \mathbb{R}$

$$f(x) = \sum_{m=0}^{n} a_m x^m = a_n x^n + a_{n-1} x^{n-1} + \cdots + a_1 x + a_0$$

です。ここで$a_n \in \mathbb{R}\ (i = 1, \ldots, n)$とします。例えば$n = 1$の場合は切片$(= a_0)$と傾き$(= a_1)$により決まる$1$次関数となります（ 図3.2 ）。

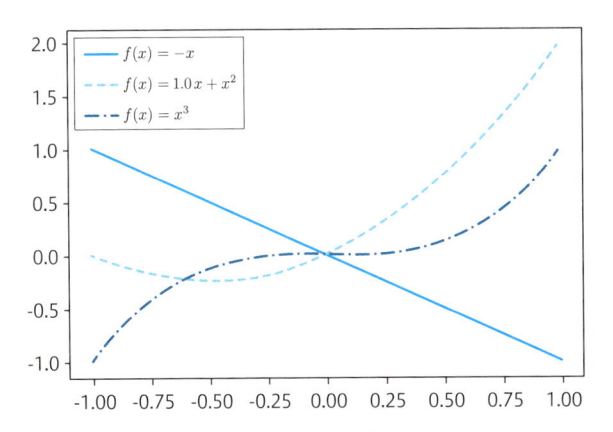

図3.2 $n = 1, 2, 3$の場合のn次関数のグラフ

n次多項式関数

正の整数nに対して、n次多項式関数とは、次のような形で表される関数$f : \mathbb{R}^d \to \mathbb{R}$、

$$f(x_1, \ldots, x_d) = \sum_{m=0}^{n} \sum_{\substack{k_1 + \cdots + k_d = m \\ 0 \le k_1, \ldots, 0 \le k_d}} a_{k_1, \ldots, k_d} x_1^{k_1} \cdots x_d^{k_d}$$

です。ここで$a_{k_1, \ldots, k_d} \in \mathbb{R}$とします。これは、$d$次元のユークリッド空間上の関数で$d$個の成分から$n$個以下の重複を許して取り、適当な重み$a_{k_1, \ldots, k_d}$付けを行い和を取る関数です。$d = 1$とすると、上で定義した$n$次関数と一致することがわかります。 図3.3 は$d = 2$、$n = 4$の場合の例$f(x_1, x_2) = 10x_1^2 - 10x_2^4$のグラフです。

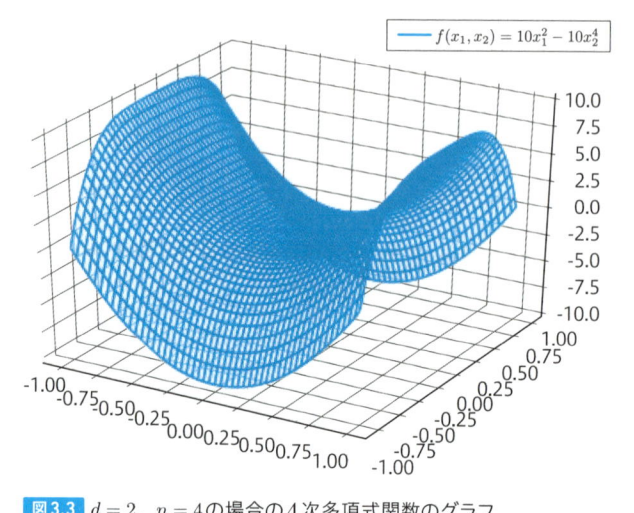

$$f(x_1, x_2) = 10x_1^2 - 10x_2^4$$

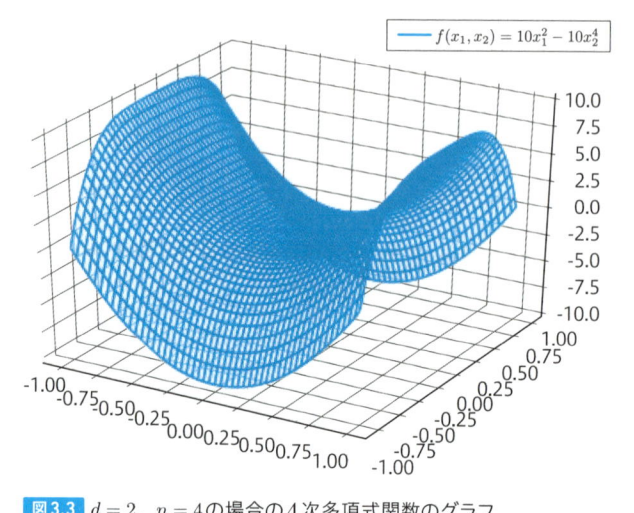

図3.3 $d = 2$、$n = 4$の場合の4次多項式関数のグラフ

シグモイド関数

シグモイド関数は次の数式で定義される関数$\sigma : \mathbb{R} \to \mathbb{R}$、

$$\sigma(x) = \frac{1}{1 + e^{-x}}$$

です。**図3.4** で容易にわかるように $\lim_{x \to \infty} e^{-x} = 0$と $\lim_{x \to -\infty} e^{-x} = \infty$であること に注意すれば、シグモイド関数は常に区間$[0, 1]$に値を取ることがわかります。こ の性質が後に紹介するように確率分布のモデリングとしての機械学習に大きな役 割を果たします。

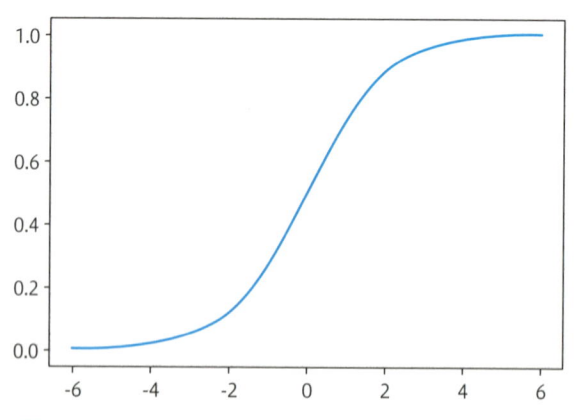

図3.4 シグモイド関数のグラフ

ソフトマックス関数

ソフトマックス関数とは、次の式で与えられる関数$\text{Sigmoid}: \mathbb{R}^n \to \mathbb{R}^n$、

$$\text{Sigmoid}(x_1, \ldots, x_n) := \left(\frac{e^{x_1}}{\displaystyle\sum_{i=1}^{n} e^{x_i}}, \ldots, \frac{e^{x_n}}{\displaystyle\sum_{i=1}^{n} e^{x_i}} \right)$$

です。ここで分母は共通しており、出力の各成分を$f(x_1, \ldots, x_n) = (y_1, \ldots, y_n)$としたときに$\displaystyle\sum_{i=1}^{n} y_i = 1$となる性質を持つように設計されています。これに加え、$y \geq 0$であることから、3.1.6項で解説する、確率分布の表現として多く用いられます。

🔷 3.1.4 線形代数の基礎

ここでは線形代数について、本書で登場する機械学習アルゴリズムを理解する上で最低限必要なもの、特に行列やベクトルの概念について紹介します。

線形代数は、数学の代数学と呼ばれる分野の一角をなし、非常に豊かで抽象的な美しい理論が展開される、素晴らしい分野です。先程述べたように、本書では、応用上必要のない厳密な議論は省いて紹介しますが、興味のある読者の方は以下の書籍を手に取ることをおすすめします。

●『線型代数入門』(齋藤 正彦著、東京大学出版会、1966)

● ベクトル

本書においてベクトルとは$\mathbb{R}^n$の元のことを指します。このとき、次元であるnを強調してn次元ベクトルと呼びます。$n = 1$のときは単に1つの実数のことですが、複数ではなく、単一の数であることを強調してスカラーと呼ぶこともあります。

Python上では$\texttt{float}$型の配列として表現することができますが、本書では様々な利便性のため リスト3.8 のように$\texttt{numpy.ndarray}$型を用いて表現します。

リスト3.8 ベクトル

In

```python
import numpy as np
x = np.array([1.1, 2.2, 3.3])
print(x, type(x))
```

Out

```
[1.1 2.2 3.3] <class 'numpy.ndarray'>
```

　下記で紹介する行列が「float型の配列の配列」であるのに対して、ベクトルは「float型の配列」で表現されるため、「ベクトルとはfloat型の1次元配列である」と解釈するのも自然です。n次元ベクトルxの各成分（または要素と呼ぶ）を明示的に指定する場合は、

$$x = \begin{pmatrix} x_1 \\ x_2 \\ \vdots \\ x_n \end{pmatrix} \in \mathbb{R}^n$$

のように縦に実数を並べて表記します。また、このように表記されたベクトルを縦ベクトルと呼びます。明示的に指定しない場合でも記号xは上式のように必ず縦ベクトルを表していると約束し、x_iは上からi番目の成分を表すこととします。縦に並べようが、横に並べようが、ベクトルが対応する$\mathbb{R}^n$の元は同じですが、次に紹介する行列との演算を考える上で記法の利便性のためにこのような約束をしておきます。

　NumPyにおいては、n次元縦ベクトルはshape=(n,1)のnp.ndarrayにより表現ができます（ リスト3.9 ）。

リスト3.9 縦ベクトル

In

```
# 3次元縦ベクトル
x = np.array([[1.0], [2.0], [3.0]])
print(x, type(x), "shape=", x.shape)
```

Out

```
[[ 1.]
 [ 2.]
 [ 3.]] <class 'numpy.ndarray'> shape= (3, 1)
```

　特別なベクトルとして基本ベクトル$e_i \in \mathbb{R}^n$ $(i = 1, \ldots, n)$を、i番目の成分が1でそれ以外が0のベクトル、

$$e_1 = \begin{pmatrix} 1 \\ 0 \\ \vdots \\ 0 \\ 0 \end{pmatrix}, e_2 = \begin{pmatrix} 0 \\ 1 \\ \vdots \\ 0 \\ 0 \end{pmatrix}, \cdots, e_{n-1} = \begin{pmatrix} 0 \\ 0 \\ \vdots \\ 1 \\ 0 \end{pmatrix}, e_n = \begin{pmatrix} 0 \\ 0 \\ \vdots \\ 0 \\ 1 \end{pmatrix}$$

として定義します。

ベクトルに対しては、以下のような演算が自然に定まっています。

和

ベクトル $x, y \in \mathbb{R}^n$ に対して和 $x + y \in \mathbb{R}^n$ は、

$$x + y = \begin{pmatrix} x_1 + y_1 \\ x_2 + y_2 \\ \vdots \\ x_n + y_n \end{pmatrix} \in \mathbb{R}^n$$

で与えられます。NumPy上では自然に＋の演算子を用いて、この演算を表現することができます（ リスト3.10 ）。

リスト3.10 和

In
```
x = np.array([-1, 0, -1])
y = np.array([0, 1, 0])
print(x + y, type(x+y))
```

Out
```
[-1  1 -1] <class 'numpy.ndarray'>
```

差

ベクトル $x, y \in \mathbb{R}^n$ に対して差 $x - y \in \mathbb{R}^n$ は、

$$x - y = \begin{pmatrix} x_1 - y_1 \\ x_2 - y_2 \\ \vdots \\ x_n - y_n \end{pmatrix}$$

で与えられます。NumPy上では、−の演算子を用いて、自然にこの演算を表現することができます（リスト3.11）。

リスト3.11 差

In

```
x = np.array([-1, 0, -1])
y = np.array([0, 1, 0])
print(x - y, type(x-y))
```

Out

```
[-1 -1 -1] <class 'numpy.ndarray'>
```

スカラー倍

スカラー $\alpha \in \mathbb{R}$ とベクトル $x \in \mathbb{R}^n$ に対して、スカラー倍 $\alpha x \in \mathbb{R}^n$ は、

$$\alpha x = \begin{pmatrix} \alpha x_1 \\ \alpha x_2 \\ \vdots \\ \alpha x_n \end{pmatrix} \in \mathbb{R}^n$$

のように x の各成分を α 倍したベクトルとして定義されます。NumPy上では $*$ の演算子を用いて自然にこの演算を表現することができます（リスト3.12）。

リスト3.12 スカラー倍

In

```
x = np.array([1, 1, 3])
alpha = -0.01
print(alpha*x, type(alpha*x))
```

Out

```
[-0.01 -0.01 -0.03] <class 'numpy.ndarray'>
```

すべての n 次元ベクトル x は、基本ベクトルのスカラー倍と和で表すことができます。従って、

$$x = \begin{pmatrix} x_1 \\ x_2 \\ \vdots \\ x_n \end{pmatrix} = \begin{pmatrix} x_1 \cdot 1 \\ 0 \\ \vdots \\ 0 \end{pmatrix} + \cdots + \begin{pmatrix} 0 \\ 0 \\ \vdots \\ x_n \cdot 1 \end{pmatrix}$$

$$= x_1 e_1 + \cdots + x_n e_n = \sum_{i=1}^{n} x_i e_i$$

と表現することができます。

● ベクトルのノルム / 距離 / 内積

ノルム

　機械学習において、ベクトルの長さ（またはノルムと呼ぶ）を考えるべき場面がしばしばあります。

　$p > 0$に対してn次元ベクトル$x \in \mathbb{R}^n$のL^p-ノルム$\|x\|_p$を、

$$\|x\|_p := \left(\sum_{i=1}^{n} |x_i|^p \right)^{\frac{1}{p}}$$

で定義し、ベクトルxの原点からの距離を表していると考えることができます。NumPyでは、`numpy.linalg.norm`関数を用いて計算することができます（ リスト3.13 ）。

リスト3.13 ノルム

In

```
x = np.array([0, 1, -1])

print("L^2-ノルム:", np.linalg.norm(x, 2))  ➡
# このxに対してL^2-ノルムは√2と一致する
print("L^5-ノルム:", np.linalg.norm(x, 5))
print("L^10-ノルム:", np.linalg.norm(x, 10))
```

Out

```
L^2-ノルム: 1.41421356237
L^5-ノルム: 1.148698355
L^10-ノルム: 1.07177346254
```

$p = 2$ のときの L^2-ノルムは**ユークリッドノルム**とも呼ばれ、最も基本的でありかつ頻繁に登場します。そのため、本書では L^2-ノルムのことを単に「ノルム」や「ベクトルの長さ」と呼ぶことがあり、$\|x\|_2$ の 2 を省略して単に $\|x\|$ と表記することがあります。

ユークリッド距離

2つのベクトルを与えたとき、その**近さ**を表す代表的な数値として**ユークリッド距離**と**内積**があります。n 次元ベクトル $x, y \in \mathbb{R}^n$ の**ユークリッド距離** $d(x, y)$ を、

$$d(x, y) := \|x - y\|$$

で定めます。言い換えれば、2つのベクトルの差のノルムのことです。本書ではユークリッド距離のことを単に**距離**と呼ぶことがありますが、距離とはもともと集合の2つの元の**近さを測る尺度**のことを指し、ユークリッド距離以外にも多くの数学的な"距離"が存在することに注意してください。

内積

n 次元ベクトル $x, y \in \mathbb{R}^n$ の**内積** $x \cdot y$ を、

$$x \cdot y := \sum_{i=1}^{n} x_i y_i$$

で定めます。これはベクトルの各成分同士を掛け算して和を取ったものです。NumPy では `np.inner` を用いて計算することができます（ **リスト3.14** ）。

リスト3.14 内積

In

```python
import numpy as np
x = np.array([0, 1, -1])
y = np.array([1, 0, 1])
print("inner product:",np.inner(x, y))
```

Out

```
inner product: -1
```

内積もユークリッド距離と同様に、2つのベクトルがどれだけ似ているかを表す数値と考えることができます。実際、各ベクトルのユークリッドノルムと2つのベクトルが成す角度θを用いて、

$$x \cdot y = \|x\|\|y\| \cos \theta$$

と書き表すことができます。

◎ 行列と線形関数の表現

初学者向きの書籍で、行列とは「float型の配列の配列である」と表現されることが多くありますが、「float型の配列の配列」は結局のところ集合の表現の上では「実数の組の組」にほかならず、数学的な実体として、どのようなものであるかがはっきりしません。本書ではもう一歩踏み込んで、「行列とは何か」についてしっかりと学んでいきます。というのも、行列の本質は線形性にあり、これを理解することで、深層学習等の高度な機械学習アルゴリズムを理解する手助けとなるからです。

関数$f : \mathbb{R}^n \to \mathbb{R}^m$が線形性を持つとは、任意のベクトル$x, y \in \mathbb{R}^n$とスカラー$\alpha, \beta \in \mathbb{R}$に対して、

$$f(\alpha x + \beta y) = \alpha f(x) + \beta f(y)$$

が成立することをいいます。ここで右辺は関数fの行き先である$\mathbb{R}^m$の中のベクトルの演算です。つまり、関数が線形性を持つとは、ベクトルの和とスカラー倍の演算を手前でしても、後でしても関数の結果が変わらないことを意味しており、ある種"行儀が良い"関数です。このような関数を線形関数と呼びます。

線形関数$f : \mathbb{R}^n \to \mathbb{R}^m$を用意し、入力の集合$\mathbb{R}^n$の基本ベクトルを$e_j \in \mathbb{R}^n$ ($j = 1, \ldots, n$)、出力の集合$\mathbb{R}^m$の基本ベクトルを$e_i' \in \mathbb{R}^m$ ($i = 1, \ldots, m$)とおきます。まず、すべてのm次元ベクトルは基本ベクトルのスカラー倍の和で書き表すことができるので、ベクトルe_jに対するfの値は、

$$f(e_j) = \sum_{i=1}^{m} a_{i,j} e_i' , \quad (j = 1, \ldots, n)$$

と書き表すことができます。ここで登場する実数$a_{i,j}$の集まり$A = (a_{i,j})$のことを線形関数fから定まる行列または$m \times n$行列と呼び、次のように並べて表現し

ます。

$$A = \begin{pmatrix} a_{11} & a_{12} & \ldots & a_{1n} \\ a_{21} & a_{22} & \ldots & a_{2n} \\ \vdots & \vdots & \ddots & \vdots \\ a_{m1} & a_{m2} & \ldots & a_{mn} \end{pmatrix}$$

$m \times n$の部分を行列の次元または行列のサイズと呼びます。$m = n$のときの行列を正方行列と呼び、$\{a_{i,i}\}_{i=1}^{n}$を特別に対角成分と呼ぶことがあります。一方で、一般のn次元ベクトル$x = \sum_{j=1}^{n} x_j e_j \in \mathbb{R}^n$に対する$f$の値は、線形性を用いると、

$$\begin{aligned} f(x) &= f\left(\sum_{j=1}^{n} x_j e_j\right) \\ &= \sum_{j=1}^{n} x_j f(e_j) \\ &= \sum_{j=1}^{n} x_j \left(\sum_{i=1}^{m} a_{i,j} e_i'\right) \\ &= \sum_{i=1}^{m} \left(\sum_{j=1}^{n} a_{i,j} x_j\right) e_i' \\ &= \begin{pmatrix} \sum_{j=1}^{n} a_{1,j} x_j \\ \sum_{j=1}^{n} a_{2,j} x_j \\ \vdots \\ \sum_{j=1}^{n} a_{m,j} x_j \end{pmatrix} \end{aligned}$$

と書くことができるため、関数fの値は行列$A = (a_{i,j})$により決定されてしまうことがわかります。つまり、「行列とは線形関数そのもの」であるということができます。

このことから、$m \times n$行列$A = (a_{i,j})$とn次元ベクトルxの積Axを関数fのxにおける値として定義するのが自然です。

$$Ax := f(x)$$

縦ベクトルや上記の数を並べる方式の行列の表記法を用いれば、

$$
\begin{pmatrix}
a_{11} & a_{12} & \dots & a_{1n} \\
a_{21} & a_{22} & \dots & a_{2n} \\
\vdots & \vdots & \ddots & \vdots \\
a_{m1} & a_{m2} & \dots & a_{mn}
\end{pmatrix}
\begin{pmatrix}
x_1 \\
x_2 \\
\vdots \\
x_n
\end{pmatrix}
:=
\begin{pmatrix}
\sum_{j=1}^{n} a_{1,j} x_j \\
\sum_{j=1}^{n} a_{2,j} x_j \\
\vdots \\
\sum_{j=1}^{n} a_{m,j} x_j
\end{pmatrix}
$$

と定義することができます。これらの表記法と定義が、行列を2次元の実数値配列、つまり「float型の配列の配列」であると定義することの本質となります。

　NumPyにおいて行列は、ベクトルと同様にnp.ndarrayを、行列とベクトルの積はnp.dotを用いて表現することができます。また、行列の次元はnp.ndarray.shapeを用いて取得することができます（**リスト3.15**）。

リスト3.15 行列とベクトルの積

In

```
# 2 x 3 行列A と 3次元ベクトル x の積
x = np.array([[1], [0], [-1]])
A = np.array([[1, 1, 1], [100, 0, 0]])
print("input vector: \n", x)
print("matrix with size ={} \n".format(A.shape), A)
print("product:\n", np.dot(A, x))
```

Out

```
input vector:
 [[ 1]
 [ 0]
 [-1]]
matrix with size =(2, 3)
 [[  1   1   1]
 [100   0   0]]
product:
 [[  0]
 [100]]
```

● 行列の演算と逆行列

行列の積

　2つの線形関数 $f : \mathbb{R}^n \to \mathbb{R}^m$ と $g : \mathbb{R}^m \to \mathbb{R}^l$ が与えられたとき、合成関数

$g \circ f : \mathbb{R}^n \to \mathbb{R}^l$ も線形性を満たします。実際、

$$
\begin{aligned}
g \circ f\left(\alpha x + \beta y\right) &= g\left(f\left(\alpha x + \beta y\right)\right) \\
&= g\left(\alpha f\left(x\right) + \beta f\left(y\right)\right) \\
&= \alpha g(f(x)) + \beta g(f(y)) \\
&= \alpha(g \circ f)(x) + \beta(g \circ f)(y)
\end{aligned}
$$

となり線形性を満たすことがわかります。よって $g \circ f$ に対応する行列が存在することがわかりました。$f, g, g \circ f$ それぞれに対応する行列を A, B, C としたとき、$m \times n$ 行列 A と $l \times m$ 行列 B の積 BA を C として定めます。つまり行列同士の積とは、「対応する線形関数を合成してできる線形関数が定める行列」として定義します。より具体的に書き下すと、$A = (a_{i,j}), B = (b_{i,j}), C = (c_{i,j})$ とおいたときに、

$$
c_{i,j} = \sum_{k=1}^{m} b_{i,k} a_{k,j}
$$

となります。NumPy においては `numpy.matmul` を用いて計算することができます（ リスト3.16 ）。

リスト3.16 行列の積

In

```python
A = np.array([[1, 2], [2, -3], [-1, 2]])  # 3 x 2 行列
B = np.array([[1, 2, -1]]) # 1 x 3 行列
print("matrix  A with shape ={}  \n".format(A.shape), A)
print("matrix: B  with shape ={} \n".format(B.shape), B)
print("matrix BA with shape={} \n".format(np.matmul➡
(B, A).shape), np.matmul(B, A))
```

Out

```
matrix  A with shape =(3, 2)
 [[ 1  2]
 [ 2 -3]
 [-1  2]]
matrix: B  with shape =(1, 3)
 [[ 1  2 -1]]
matrix BA with shape=(1, 2)
 [[ 6 -6]]
```

$m \times n$ 行列 A と $p \times q$ 行列 B に対して、その定義から行列の積 BA は $m = q$ のときのみ存在し、その場合に np.matmul を実行すると、ValueError が発生します（**リスト3.17**）。

リスト3.17 ValueErrorの例

In

```
A = np.array([[1, 2], [2, -3], [-1, 2]])  # 3 x 2 行列
B = np.array([[1, 2, -1, 4]]) # 1 x 4 行列
np.matmul(B, A) # 4 ≠ 3のためエラー
```

Out

```
---------------------------------------------------------------------------
ValueError                                Traceback (most recent call last)
<ipython-input-21-e4a99d04179c> in <module>()
      1 A = np.array([[1,2], [2,-3], [-1,2]])  # 3 x 2 行列
      2 B = np.array([[1,2,-1,4]]) # 1 x 4 行列
----> 3 np.matmul(B,A) # 4 ≠ 3のためエラー

ValueError: shapes (1,4) and (3,2) not aligned: 4 (dim 1) != 3 (dim 0)
```

行列の和

　入力と出力の空間の次元が同じ2つの線形関数 $f : \mathbb{R}^n \to \mathbb{R}^m$ と $g : \mathbb{R}^n \to \mathbb{R}^m$ が与えられたとき、f と g の和 $f + g : \mathbb{R}^n \to \mathbb{R}^m, x \mapsto f(x) + g(x)$ も線形性を満たすことは簡単に確認できます。$f, g, f + g$ に対応する行列をそれぞれ $A = (a_{ij}), B = (b_{ij}), C = (c_{ij})$ と書くとその定義から、

$$c_{ij} = a_{ij} + b_{ij}$$

となり、2つの行列の和 $A + B$ を C として定めます。ベクトルの和と同様に NumPy においては、+オペレータを使うことで、行列の和を取ることができます（**リスト3.18**）。

In

```python
A = np.array([[2, 3], [-2, 1]])
B = np.array([[-2, 1], [2, 3]])
C = A + B
print("matrix  A with shape ={}  \n".format(A.shape), A)
print("matrix: B  with shape ={} \n".format(B.shape), B)
print("matrix A+B with shape={} \n".format(C.shape), C)
```

Out

```
matrix  A with shape =(2, 2)
 [[ 2  3]
 [-2  1]]
matrix: B  with shape =(2, 2)
 [[-2  1]
 [ 2  3]]
matrix A+B with shape=(2, 2)
 [[0 4]
 [0 4]]
```

転置行列

行列 $A = (a_{ij})$ に対して、行列 (b_{ij}) が、

$$b_{ij} = a_{ji}$$

のように、i と j を入れ替えた形で与えられているとき、その行列を A の**転置行列**と呼び A^T と表記します。

NumPyでは `numpy.ndarray.T` メソッドを使うことで、転置行列を得ることができます（ リスト3.19 ）。

リスト3.19 転置行列

In

```python
A = np.array([[2, 3, 4, 5], [-5, -4, -3, -2]])
print("matrix  A with shape ={}  \n".format(A.shape), A)
print("matrix  A^T with shape ={}  \n".format➡
(A.T.shape), A.T)
```

Out

```
matrix  A with shape =(2, 4)
 [[ 2  3  4  5]
 [-5 -4 -3 -2]]
matrix  A^T with shape =(4, 2)
 [[ 2 -5]
 [ 3 -4]
 [ 4 -3]
 [ 5 -2]]
```

　その定義から $n \times m$ 行列の転置行列は、$m \times n$ 行列となります。例えば、n 次元ベクトル v を $n \times 1$ 行列とみなせば（$v_{i,1} := v_i$ と考えることに相当します）、その転置行列 v^T は $1 \times n$ 行列となります。

　このことから n 次元ベクトル v と w の内積 $< v, w >$ に関して、$< v, w > = v^T w$ という関係式が成立します。ここで右辺は行列としての v^T と w の積です。実際、$v^T w$ は 1×1 行列であり、その成分 $c_{1,1}$ は行列の積の定義から、

$$c_{1,1} = \sum_{j=1}^{n} v_{1,j} w_{j,1}$$

であり、$c_{1,1}$ が内積の値と一致することが確認できます。

単位行列と逆行列

　すべての n 次元ベクトルをそのまま返す関数 $f : \mathbb{R}^n \to \mathbb{R}^n, x \mapsto x$ は線形関数です。実際 $f(\alpha x + \beta y) = \alpha x + \beta y = \alpha f(x) + \beta f(y)$ となります。このような関数を恒等関数と呼び、id と表記します。また、対応する $n \times n$ 行列を単位行列と呼び、次元 n を強調して I_n と表記します。具体的には、対角成分が 1, それ以外の成分がすべて 0 の行列、

$$I_n := \begin{pmatrix} 1 & 0 & 0 & \cdots & 0 \\ 0 & 1 & 0 & \cdots & 0 \\ 0 & 0 & 1 & \cdots & 0 \\ \vdots & & & \ddots & \\ 0 & 0 & 0 & \cdots & 1 \end{pmatrix}$$

として定義されます。

　$n \times n$ 行列 A に対応する線形関数 $f : \mathbb{R}^n \to \mathbb{R}^n$ に対して、もし $g \circ f = \mathrm{id}$ を満

たす関数 $g : \mathbb{R}^n \to \mathbb{R}^n$ が存在した場合、g も必ず線形関数となり、対応する $n \times n$ 行列を A の逆行列と呼び、A^{-1} と表記します。その定義から逆行列を $B = (b_{i,j})$ とおいたとき、

$$\sum_{k=1}^{n} b_{i,k} a_{k,j} = \delta_{i,j}$$

を満たします。ここで $\delta_{i,j}$ はクロネッカーのデルタと呼ばれる、

$$\delta_{i,j} := \begin{cases} 1 & (i = j) \\ 0 & (i \neq j) \end{cases}$$

により定義される関数で、表記の簡略化のためによく用いられます。注意として、逆行列は必ず存在するわけではなく、少なくとも正方行列であることが必要条件となります。

● 固有値と固有ベクトル

逆行列が存在するための十分条件については、固有値と固有ベクトルと呼ばれる正方行列を特徴付ける量が関係してきます。

n 次の正方行列 A について考えます。ゼロではないベクトル $\boldsymbol{v} \in \mathbb{R}^n$ が行列 A の固有ベクトルであるとは、複素数 λ（複素数とは 2 乗して -1 となる虚数 i を用いて、$a + bi(a, b \in \mathbb{R})$ という形で表される数のことです。本書で扱ってきた線形代数の議論はすべて実数からなるベクトル空間上の話でしたが、自然に複素数からなるベクトル空間上の話に一般化することができます）が存在して、

$$A\boldsymbol{v} = \lambda\boldsymbol{v}$$

という条件を満たすときをいいます。このとき、λ を固有ベクトル $\boldsymbol{v}$ に対応する固有値と呼びます。

つまり固有ベクトルとは、A による線形変換によってその固有値の倍率で引き伸ばされるだけで方向が変わらないベクトルのことです。どんな行列に対しても、固有値と固有ベクトルが存在することが知られており、固有値を調べることで行列の性質を調べることが可能となります。その具体的な例として「すべての固有値がゼロではないことが逆行列が存在するために必要十分」という性質が知られています。

正方行列 A に対して行列式 $\det(A)$ をすべての固有値の積として定義すると、$\det(A) \neq 0$ と逆行列が存在することが同値となります。

🔷 3.1.5 微分の基礎

🔵 微分とテイラー展開

機械学習においては、現象を関数でモデリングし、その性質を調べることが重要となります。

例えば、関数の最大値や最小値を探したり、点 x の周りで関数の値がどのように変化していくかを知りたい場面が多々あります。関数の性質を調べる最も使われる方法の1つが微分を調べることです。

$D \subset \mathbb{R}^n$ 上で定義された関数 $f : D \to \mathbb{R}$ の x_i 方向の偏微分 $\frac{\partial f}{\partial x_i} : D \to \mathbb{R}$ とは、

$$\frac{\partial f}{\partial x_i}(x_1, \ldots, x_n) := \lim_{h \to 0} \frac{f(x_1, \ldots, x_i + h, \ldots, x_n) - f(x_1, \ldots, x_n)}{h}$$

で定義される関数です。これは点 x から x_i 成分の方向に値を少し動かしたとき、$f(x)$ の値がどの程度変化するかの微小変化量を表しています。そもそも、右辺の極限の値が存在するかどうかは興味深い問いですが、本書で扱う関数は、必ず右辺が定義可能であると仮定しておきます。$n = 1$ のとき、慣習として $\frac{df}{dx} : D \to \mathbb{R}$ という記号を用いて単に微分と呼ぶことがあります。

すべての成分に対する偏微分で並べた関数を $\mathbb{R}^n \to \mathbb{R}^n$ を f' や ∇f で表すこともあります。

$$\nabla f(x) := \begin{pmatrix} \frac{\partial f}{\partial x_1}(x) \\ \frac{\partial f}{\partial x_2}(x) \\ \vdots \\ \frac{\partial f}{\partial x_n}(x) \end{pmatrix}$$

微分を用いた関数の局所的な性質を調べる有効な方法として、テイラー展開と呼ばれるものがあります。点 x とノルムが非常に小さいベクトル v 対して、

$$f(x + v) = f(x) + \langle \nabla f(x), v \rangle + o(\|v\|)$$

という関係式が成り立つことが知られています。ここで $o(\|v\|)$ はランダウの記号と呼ばれる記法で、$\|v\|$ が非常に小さければ無視できるほど値が小さい項をまと

めたものになっています。テイラー展開の意味するところは、入力の小さい変化に対する出力の変化は微分により、近似的に記述できるということです。

● 最急降下法

機械学習のみならず多くの現実の数理的問題は、関数 $f : \mathbb{R}^n \to \mathbb{R}$ の最小値を取る点 x^* を探す最小化問題として定式化されます（仮に最小値が存在しないとしても、$f(x)$ の値がより小さくなる x を探したいという場面もあります）。捜索範囲となる集合 $D \subset \mathbb{R}^n$ の中で $f(x)$ の最小値を取る点 x^* を、

$$x^* := \operatorname*{argmin}_{x \in D} f(x)$$

という記法を使って表します（同様に最大値を取る点を $\operatorname*{argmax}_{x \in D}$ と表記します）。**最急降下法（または勾配降下法）**は、このような最適化問題を解く最も基本的なアルゴリズムです。最急降下法では初期値 x_0 からスタートし、次の式により値を更新していきます。

$$x_{t+1} := x_t - \alpha_t \nabla f(x_t) \quad (t = 0, 1, 2, \ldots)$$

ここで $\alpha_t > 0$ は学習率と呼ばれ、大きすぎると x^* から発散、小さすぎると収束が遅くなったりすることがあります。学習率を適切に設定することで、常に更新後の値 $f(x_{t+1})$ は更新前の値 $f(x_t)$ に対して小さくなります。実際に、テイラー展開の式から $f(x_{t+1})$ は、

$$
\begin{aligned}
f(x_{t+1}) &= f(x_t - \alpha_t \nabla f(x_t)) \\
&= f(x_t) + \langle \nabla f(x_t), -\alpha_t \nabla f(x_t) \rangle + o(\alpha_t \|\nabla f(x_t)\|) \\
&= f(x_t) - \alpha_t \|\nabla f(x_t)\|^2 + o(\alpha_t \|\nabla f(x_t)\|) \\
&\approx f(x_t) - \alpha_t \|\nabla f(x_t)\|^2
\end{aligned}
$$

と近似することができ、$\|\nabla f(x_t)\|^2 > 0$ であることを考えれば、$f(x_{t+1}) < f(x_t)$ が成立することがわかります。

しかし、学習率をどのように決定するのかは非常に重要かつ難しい問題で、現在も活発に関連研究がなされています。

⬡ 3.1.6　確率統計の基礎

ここでは実際に統計的機械学習を記述する際に欠くことのできない、確率と

統計の分野について学んでいきます。偶然や不確実性を数学的に議論するための土台を与えてくれる確率論は、数学の一分野として今も活発に研究がなされています。ここでは確率論の中でも本書に最低限必要な知識しか紹介しませんが、現代的な確率論のより詳細な議論に興味のある読者は、以下の書籍などをご覧ください。

● 『確率論』（舟木直久著、朝倉書店、2004 年）
  URL http://www.asakura.co.jp/books/isbn/978-4-254-11600-7/

● 確率変数

　集合 S に値を取る確率変数 X とは、一定の法則に従ってランダムに S の元 x を割り当てるものです。その割り当てを観測と呼び、そのときの値 x を X のサンプル、または観測値、または標本と呼びます。確率変数の記号は大文字のアルファベット $X, Y, Z, \ldots$ を用いて、そのサンプルの記号は対応するアルファベットの小文字 $x, y, z, \ldots$ を用いて表記します。

　また、事象とは確率が割り当て可能な S の部分集合 $S' \subset S$ のこととします。ここで「確率が割り当て可能」とは、「X が S' の中に値を取る確率が定められている」という意味です。S そのものを事象と考えた場合、特別に全事象と呼びます。

　確率変数が値を取る集合 S が、有限個の元からなる離散的な集合である場合に離散確率変数、$\mathbb{R}^n$ またはその部分集合 $S \subset \mathbb{R}^n$ である場合に連続確率変数と呼びます。

　ここでは、確率変数の定義の際に、一定の法則という少しふんわりとした言葉を用いましたが、そもそも厳密な意味で確率変数は数学的な実体として何者なのでしょうか。ランダム性とは何なのでしょうか。そのような疑問に答えるのが、20 世紀の数学者アンドレイ・コルモゴロフが創始した公理的確率論という分野です。本書では公理的確率論には深入りしませんが、確率論を統一的にかつ数学的に厳密に議論することのできる公理的確率論を学ぶこと自体価値ある体験です。

● 確率分布

　確率変数 X が従う一定の法則により、事象に対する確率が定まります。各事象がどの程度起こりうるかを表す数値を割り当てる関数 p を確率分布と呼びます。確率変数 X が確率分布 p を持つことを「X は分布 p に従う」といい、$X \sim p$ と表記します。

ここでは離散/連続確率変数の確率分布について、それぞれより具体的に見ていきます。

離散確率変数の場合

この場合、Sは有限個の元からなる集合なので、その数をnとおき、各元に1から番号を割り当てることで、$S = \{1, 2, \ldots, n\}$と書き表すことができます。

Xは一定の法則に従いランダムに$1, \ldots, n$の値を取るので、それぞれの出やすさを表す0から1の数値を割り当てる関数、

$$f_X : S \to [0, 1], i \mapsto f_X(i)$$

を確率質量関数といい、$f_X(i)$の値を「確率変数Xが値iを取る確率」と述べることがあります。離散確率変数の確率分布は確率質量関数によって完全に記述できます。実際どのような事象$S' \subset S$に対しても、その事象に対する確率は、

$$p_X(X \in S') := \sum_{i \in S'} f_X(i)$$

のように定めることができます。任意の事象S'に対して、確率を定める関数$p_X(X \in S')$を確率分布と呼びます。慣習に従って、$p_X(X \in \{i\}) = f_X(i)$のことを$p_X(X = i)$と表記することもあります。

特に、全事象Sは必ず発生するので、確率質量関数には「すべての確率$p_X(i)$を足し合わせると1」になるという性質が求められます。

$$p_X(X \in S) = \sum_{i \in S} p_X(i) = 1$$

例として、偏りのないサイコロをふることを考えてみましょう。この場合、Xは$\{1, 2, 3, 4, 5, 6\}$の値をランダムにかつ、サイコロに偏りがないので、均一な確率で取る確率変数です。従ってこの場合の確率質量関数pは、

$$p_X(i) = \frac{1}{6}, \quad i = 1, \ldots, 6$$

となります。また、「サイコロの出目が偶数である」という事象は、部分集合$S' = \{2, 4, 6\} \subset S$のことであり、その確率は、

$$p_X(X \in S') = \sum_{i=2,4,6} \frac{1}{6} = \frac{1}{6} \times 3 = \frac{1}{2}$$

のように計算されます。

連続確率変数の場合

連続確率変数の場合、離散確率変数のように X が取りうる値それぞれに対して、0 から 1 の出やすさを表す数値を割り当て、それ自体を確率と解釈し確率分布を定めることはできません。例えば、$[-1,1]$ の範囲の値すべてを偏りなく取りうる確率変数を考えてみましょう。その偏りのない確率を $\frac{1}{k}(0 < k < 1)$ で表したとき、全事象の確率は 1 となってほしいですが、実際には $\frac{1}{k}$ の無限個の和を取ることになるため、無限大に発散してしまいます。

$$p_X(X \in [-1,1]) = \sum_{k \in [-1,1]} \frac{1}{k} > \lim_{N \to \infty} \sum_{k=1}^{N} \frac{1}{k} = \frac{1}{k} + \frac{1}{k} + \cdots = \infty \neq 1$$

そのため、連続確率変数の場合は（実は離散確率変数に関しても同様に積分の枠組みで解釈することが可能です。その技術的詳細は本書の範囲を大幅に超えるため解説することはできませんが、興味のある方は『確率論』（舟木直久著、朝倉書店、2004 年）をご覧ください）、確率分布を積分で表現することでこの問題を回避し、その被積分関数を確率密度関数と呼びます。確率密度関数 $f_X : S \to \mathbb{R}$ は、すべての $x \in S$ に対して出やすさ $f_X(x) \geq 0$ を割り当てる関数で、次のような性質を持ちます。

1. $f_X(x)$ は S 上で積分可能である
2. 常に $f_X(x) \geq 0$ が成立
3. S 全体で積分した場合の値は 1 である：

$$\int_S f_X(x)dx = 1$$

積分可能な $S' \subset S$ に対して、その積分値は、$f_X(x) \geq 0$ という性質から、必ず 0 以上の値を取ります。

$$p_X(X \in S') := \int_{S'} f_X(x)dx \geq 0$$

さらに、部分集合での積分のほうが値が小さくなるため、$[0,1]$の値を取ります。

$$p_X(X \in S') = \int_{S'} f_X(x)dx \leq \int_S f_X(x)dx = 1$$

従って、確率密度関数を被積分関数とした積分で定めた値$p_X(X \in S')$は、事象S'に対する確率として、解釈可能であることがわかります。離散確率変数の場合と同様に慣習に従って、$p_X(X \in \{x\}) = f_X(x)$のことを$p_X(X = x)$と表記することもあります。

例として、$a < b$に対してXは$[a,b]$の範囲の値を偏りなくランダムに、それ以外の値は取らないような確率変数とします。このとき確率密度関数f_Xは、

$$f_X(x) = \begin{cases} \dfrac{1}{b-a} & (x \in [a,b]) \\ 0 & (x \notin [a,b]) \end{cases}$$

と定めるのが自然です。実際、$S = \mathbb{R}$であるので、

$$\int_{\mathbb{R}} f_X(x)dx = \int_{[a,b]} \frac{1}{b-a}dx = \frac{1}{b-a} \int_{[a,b]} dx = 1$$

となり、確率密度関数の満たすべき性質を持っていることがわかります。

cをaとbの中点、つまり$c = a + \frac{b-a}{2}$とおいたとき、事象$S' := [a,c] \subset [a,b]$に対する確率は、

$$p_X(X \in S') = \int_{[a,c]} \frac{1}{b-a}dx = \frac{1}{b-a} \times (c-a) = \frac{1}{b-a} \times \frac{b-a}{2} = \frac{1}{2}$$

となり、直感的にも正しいことが確認できます。このような確率分布を一様分布と呼び、$u(x; a, b)$と表します。

● 独立性

Sに値を取る確率変数Xと、Tに値を取る確率変数Yに対して、2つを合わせた確率変数(X, Y)を考えることができます。この確率変数はそれぞれの元の組み合わせ全体からなる集合$S \times T := \{(x,y) \mid x \in S, y \in T\}$に値を取る確率変数で、その確率分布$P_{(X,Y)}$を同時確率分布と呼び、その確率密度関数（または確率質量関数）$f_{(X,Y)}$を同時確率密度関数（または同時確率質量関数）と呼びます。

確率変数 X と Y が独立であるとは、等式、

$$f_{(X,Y)}(x,y) = f_X(x)\, f_Y(y) \quad (x \in X, y \in Y)$$

がすべての x と y について成立するときをいいます。

複数の確率変数 $\{X_1, X_2, \ldots, X_n\}$ が「互いに独立かつ、すべて同一の確率分布を持つ」とき、$\{X_1, X_2, \ldots, X_n\}$ は独立同分布であるといいます。

独立な確率変数の例

2つの偏りのない全く同じサイコロを用意し、X, Y を、それぞれのサイコロをふった際に出た目を表す確率変数とします。このとき、どのような出目 $x, y \in \{1, 2, 3, 4, 5, 6\}$ に対しても明らかに、

$$f_{(X,Y)}(x,y) = f_X(x) \times f_Y(y) = \frac{1}{6} \times \frac{1}{6} = \frac{1}{36}$$

が成立するため、X, Y は互いに独立な確率変数となります。

独立でない確率変数の例

X を明日の日経平均株価の終値、Y をその次の日の日経平均株価の終値とします。これらの確率変数は、$\mathbb{R}$ に値を取る確率変数と解釈できます。明らかに（といいつつも、数理的にこのことを証明するのは不可能であると思われますが）、Y の値は X の値に影響を受けています。実際、次の日の初値は X に依存しており、そのため確率変数 Y の分布は、X の値によって形状が変化していると考えるのが自然です。従って、$f_{(X,Y)}(x,y) = f_X(x) \times f_Y(y)$ のように、2つの密度関数に分解することができません。

● 条件付き確率とベイズの定理

ある事象が起こるという条件下で、別の事象が起こる確率を考えたいときがあります。そのときに登場するのが、条件付き確率という概念です。

2つの確率変数 X, Y が与えられたとします。X が値 x_0 を取るという条件のもとでの条件付き確率分布 $p(Y \mid X = x_0)$ とは、密度関数（または確率質量関数）が、

$$f_{Y|X=x_0}(y) := \frac{f_{(X,Y)}(x_0, y)}{f_X(x_0)}$$

により定められる確率分布のことです。確率分布の性質から両辺に$f_X(x_0)$を掛けると、

$$f_{(X,Y)}(x_0, y) = f_{Y|X=x_0}(y) \times f_X(x_0)$$

となります。$f_{Y|X=x_0}(y)$が$X = x_0$という条件のもとで、$Y = y$となる密度を表していると考えれば、$p(Y \mid X = x_0)$や$f_{Y|X=x_0}(y)$の定義は直感的にも自然です。

後述しますが、教師あり学習で主に扱うのは$p(Y \mid X = x_0)$です。例えば、画像を入力する際、その画像が犬か猫であるか判定する機械学習モデルを作ることを考えてみましょう。この場合、Xをランダムに選んだ動物の画像情報（従って連続確率変数）、Yを画像が猫であるか犬であるかを表す離散的な集合$S =$ {犬,猫}に値を取る確率変数とおいてみます。すると$p(Y \mid X = x_0)$は、画像x_0を与えたときに犬/猫である確率を表しており、より良い分類器 = より正確な$p(Y \mid X = x_0)$とみなすことができます。

条件付き確率に関連して、機械学習と深い関係があるベイズの定理とは、確率密度関数（または質量関数）に関連する以下の公式を指します。

$$f_{Y|X=x}(y) = \frac{f_{X|Y=y}(x) \, f_Y(y)}{f_X(x)}$$

機械学習における最も基本的なアルゴリズムであるNaive Bayesもこの公式が応用されています。導出は非常に簡単で、

$$f_{Y|X=x}(y) = \frac{f_{(X,Y)}(x,y)}{f_X(x)} = \frac{f_{X|Y=y}(x) \, f_Y(y)}{f_X(x)}$$

のように示されます。

● 期待値と分散

Sに値を取る確率変数Xとその確率分布p_X、そして関数$g : S \to \mathbb{R}$を考えます。gのXについての期待値$\mathbb{E}_{X \sim p_X}[g(X)]$とは、$X$が離散確率変数の場合、

$$\mathbb{E}_{X \sim p_X}[g(X)] := \sum_{i \in S} g(i) f_X(i)$$

で、Xが連続確率変数の場合、

$$\mathbb{E}_{X \sim p_X}[g(X)] := \int_S g(x) f_X(x) dx$$

で定義される値のことです。文脈から X の従う分布が明らかな場合、$\mathbb{E}[g(X)]$ または、$\mathbb{E}_X[g(X)]$ と表記する場合があります。

また、g の X についての**分散** $\mathrm{Var}[g(X)]$ を、

$$\mathrm{Var}[g(X)] := \mathbb{E}\left[\Big(g(X) - \mathbb{E}[g(X)]\Big)^2\right]$$

で定めます。定義からわかるように、直感的には $g(X)$ の期待値からの乖離のしやすさを表しています。

また、S' に値を取る他の確率変数 Y と、関数 $h : S' \to \mathbb{R}$ に対して、$g(X)$ と $h(Y)$ の**共分散**とは、

$$\mathrm{Cov}(g(X), h(Y)) := \mathbb{E}\left[\Big(g(X) - \mathbb{E}[g(X)]\Big)\Big(h(Y) - \mathbb{E}[h(Y)]\Big)\right]$$

で定義される値 $\mathrm{Cov}(g(X), h(Y))$ です。直感的には、2つの確率的な値 $g(X)$, $h(Y)$ がどう関係しているかを表す数値となっています。

離散確率変数の例

$S = \{1, 2, 3, 4, 5, 6\}$ として、X が偏りのないサイコロの出目を表す場合を考えてみましょう。出た目を2乗した値の円が貰えるとして、それを表す関数を $g : S \to \mathbb{R}, i \mapsto i^2$ としたとき、g の X に関する期待値は、

$$\mathbb{E}_{X \sim p_X}[g(X)] = \sum_{i=1}^{6} \frac{1}{6} \times i^2 = \frac{1+4+9+16+25+36}{6} = \frac{91}{6} \approx 15.2$$

となります。直感的にはこのサイコロをふったとき、平均してだいたい15.2円貰えるということを表しています。また、分散は、

$$\mathrm{Var}[g(X)] = \sum_{i=1}^{6} \frac{1}{6} \times \left(i^2 - \frac{91}{6}\right)^2 \approx 149.1$$

と計算できます。

連続確率変数の例

X が一様分布 $u(x; a, b)$ に従う場合を考えます。この場合、$S = \mathbb{R}$ であるので、$g : \mathbb{R} \to \mathbb{R}$ として常に入力と同じ値を返す恒等関数 $g(x) := x$ を採用します。その期待値は、

$$
\mathbb{E}_{X \sim u(x;a,b)}[g(X)] = \int_{[a,b]} x \frac{1}{b-a} dx = \frac{1}{b-a} \left[\frac{1}{2} x^2 \right]_{x=a}^{x=b}
$$

$$
= \frac{1}{2(b-a)} (b+a)(b-a) = \frac{b+a}{2}
$$

となります。無作為に何度も $[a, b]$ の中の点を選んだ際、その平均はだいたいその真中の点 $\frac{b+a}{2}$ であることが直感的に理解できると思います。

より一般に、連続確率変数の恒等関数 $g(x) = x$ に関する期待値を平均と呼びます。

また、分散は少々手間がかかりますが計算すると、

$$
\mathrm{Var}[g(X)] = \frac{(b-a)^2}{12}
$$

となります。

イェンセンの不等式

期待値に関する最も基本的な不等式であるイェンセンの不等式を紹介しておきます。

イェンセンの不等式とは、連続確率変数 X とすべての $x \in \mathbb{R}$ に対して、$f''(x) > 0$ が成立する関数 $f : \mathbb{R} \to \mathbb{R}$ に対して成り立つ、

$$
\mathbb{E}_X[f(X)] \geq f(\mathbb{E}_X[X])
$$

という不等式です。X が確率的ではなく、必ず同じ値を取る場合、イェンセンの不等式の等号が成立します。実際その値を $X = c \in \mathbb{R}$ とおけば、

$$
\begin{aligned}
\mathbb{E}_X[f(X)] &= \mathbb{E}_X[f(c)] \\
&= f(c) \\
&= f(\mathbb{E}_X[c]) \\
&= f(\mathbb{E}_X[X])
\end{aligned}
$$

となります。

KLダイバージェンス

2つの確率分布 p, q が与えられたとき、それらの"距離"を表す最も基本的かつ重要な指標として、KLダイバージェンスと呼ばれるものがあります。p, q のKLダイバージェンス $\mathrm{KL}(p, q)$ は、

$$\mathrm{KL}(p, q) := \mathbb{E}_{X \sim p}\left[\log \frac{p(X)}{q(X)}\right]$$

で与えられます。イェンセンの不等式を用いると、

$$\begin{aligned}
\mathrm{KL}(p, q) &= \mathbb{E}_{X \sim p}\left[-\log \frac{q(X)}{p(X)}\right] \\
&\geq -\log \mathbb{E}_{X \sim p}\left[\frac{q(X)}{p(X)}\right] \\
&= -\log 1 \\
&= 0
\end{aligned}$$

のように式変形ができ、$\mathrm{KL}(p, q) \geq 0$ という性質を持つことが確認できます。KLダイバージェンスは非対称性 $\mathrm{KL}(p, q) \neq \mathrm{KL}(q, p)$ を持っており、数学的に厳密な意味で距離ではありません。ですがその一方で重要な性質、

$$p = q \Longleftrightarrow \mathrm{KL}(p, q) = 0$$

を持っています。つまりKLダイバージェンスは、2つの確率分布がどの程度近いのかを表す重要な指標となっています。

● 確率分布の周辺化

確率変数 X, Y の確率密度関数 (または確率質量関数) を f_X, f_Y としたとき、

$$f_X(x) = \mathbb{E}_{Y \sim p(Y)}\left[f_{X|Y=y}(x)\right]$$

が成立します (この等式の証明は現代的な確率論の基礎である測度論の最も基本的な定理の1つであるFubiniの定理などを用いて証明されます)。これを確率変数 X の確率変数 Y に関する周辺分布と呼びます。右辺の期待値は、同時密度関数 $f_{X,Y}$ を知っていれば計算可能であり、それにより $f_X(x)$ が求められるため周辺化

とも呼ばれます。

特にYが離散確率変数の場合、p_yをYがyを取る確率分布とすれば期待値の定義から、

$$f_X(x) = \sum_{y \in S} p_y \times f_{X|Y=y}(x)$$

となります。

● 最急降下法

最後に、本書で登場する基本的な確率分布について学んでおきます。

Bernoulli（ベルヌーイ）分布

ベルヌーイ分布は、2値$S = \{0, 1\}$をランダムに取る確率変数Xが従う確率分布です。具体的には、パラメータ$0 \leq \theta \leq 1$を用いて、

$$p(X = 1) = \theta$$
$$p(X = 0) = 1 - \theta$$

として定められる分布で、$\mathrm{Bern}(x; \theta)$と表記します。$S \subset \mathbb{R}$と考えたとき、その平均と分散は、

$$\mathbb{E}_{X \sim \mathrm{Bern}(x;\theta)}(X) = 1 \times \theta + 0 \times (1 - \theta) = \theta$$
$$\mathrm{Var}[X] = (1 - \theta)^2 \times \theta + (0 - \theta)^2 \times (1 - \theta) = \theta(1 - \theta)$$

と計算されます。例えばコイントスの結果（表or裏）に対応する確率変数などが、ベルヌーイ分布に従っていると考えることができます。

カテゴリカル分布

カテゴリカル分布$\mathrm{Cat}_{\boldsymbol{\pi}}$は、ベルヌーイ分布を一般化したもので、$n$個の値$S = \{1, \ldots, n\}$をランダムに取る確率変数が従う確率分布です。具体的には確率ベクトルと呼ばれるパラメータ$\boldsymbol{\pi} \in \{(\pi_1, \ldots, \pi_n) \in \mathbb{R}^n \mid \pi_0 + \cdots + \pi_n = 1\}$によって、

$$\mathrm{Cat}_{\boldsymbol{\pi}}(X = i) = \pi_i \quad (i = 1, \ldots, n)$$

として定められる確率分布です。例えばサイコロの出目に対応する確率変数は、カテゴリカル分布に従っていると考えることができます。

正規分布

正規分布は別名**ガウス分布**とも呼ばれ、最も基本的かつ最も重要な分布として知られており、パラメータ$\mu \in \mathbb{R}$と、$\sigma > 0$に対して、

$$\mathcal{N}(x; \mu, \sigma^2) := \frac{1}{\sqrt{2\pi\sigma^2}} \exp\left(-\frac{1}{2\sigma^2}(x-\mu)^2\right)$$

で定まる$\mathcal{N}(x; \mu, \sigma^2)$を密度関数に持つ確率分布です（**図3.5**）。ここで簡単な計算からガウス分布に従う確率変数の平均はμ、分散はσ^2となることがわかります。特に$\mathcal{N}(x; 0, 1)$に従う確率分布を**標準正規分布**と呼びます。

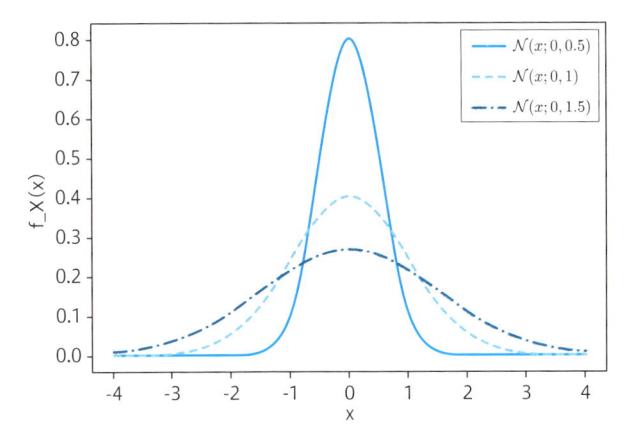

図3.5 平均$= 0$である正規分布のグラフ。分散が大きいほどばらつき、小さいほど平均周りの密度が高いことが確認できる

機械学習においてガウス分布はいたるところで登場し、その応用方法は様々です。ガウス分布は数学的に良い性質を多く持っているため、**観測誤差**（または**ノイズ**と呼ぶ）の分布としてガウス分布が仮定されることがあります。例として、今日の日経平均株価終値xから、次の日の終値Yを予測する場合、xにより決定的に決まる次の値$f(x)$に、標準正規分布に従う観測誤差ϵを加えた、$\tilde{Y} := f(x) + \epsilon$を、$Y$のモデルとして採用することがあります。

正規分布もベルヌーイ分布と同様に多次元に一般化することが可能です。n次元ベクトル$\mu = (\mu_1, \ldots, \mu_n) \in \mathbb{R}^n$と正定値対称行列$\Sigma$に対して定まる**$n$次元正規分布**とは、密度関数が、

$$\mathcal{N}(x; \mu, \Sigma) := \frac{1}{\sqrt{(2\pi)^n \det(\Sigma)}} \exp\left(-\frac{1}{2}\left\langle x - \mu, \Sigma^{-1}(x - \mu) \right\rangle\right)$$

により与えられる確率分布のことです。ここで、正方行列$\Sigma = (\sigma_{i,j})$が正定値対称行列であるとは、$\sigma_{i,j} = \sigma_{j,i}$が成立し、かつすべての固有値が正の実数である場合です。正定値対称行列は、その定義から必ず逆行列が存在するなど、良い性質を持っています。単位行列I_nなどは、その最も基本的な例です。

$X = (X_1, \ldots, X_n) \sim \mathcal{N}(x; \mu, \Sigma)$に対して各成分の確率変数$X_i$は、平均$\mu_i$, 分散$\sigma_{i,i}^2$に従う正規分布に従います。

$$X_i \sim \mathcal{N}(x_i; \mu_i, \sigma_{i,i})$$

それだけでなく、X_iとX_jの共分散$\mathrm{Cov}(X_i, X_j)$は、

$$\mathrm{Cov}(X_i, X_j) = \sigma_{i,j}$$

により与えられます。

● 期待値のモンテカルロ近似

確率論を現実の問題に応用していく中で、期待値の計算を行いたいことがしばしばありますが、実際に期待値を計算することは不可能であることがほとんどです。

実務の現場で手元にあるデータ$D = \{x_1, \ldots, x_m\}$は、何らかの確率変数Xのサンプルであると考えることができますが、その確率分布の形がわからなければ、期待値の計算（離散確率変数の場合和を取る操作、連続確率変数の場合、積分）を行うことができません。むしろ、確率分布の形をデータから推定することが機械学習の主たる目的です。

例えば5回コイントスを行った結果のデータ$D = \{0, 0, 0, 0, 1\}$を考えてみます。このデータはベルヌーイ分布$\mathrm{Bern}(x; \theta)$に従う確率変数Xからのサンプルであると考えるのが自然ですが、そのパラメータθを知るにはどうしたらよいでしょうか？

$\mathrm{Bern}(x; \theta)$の期待値は、θに等しいので、データから推定できないかと考えてみます。多くの方がすぐに思い付くのは「すべてのサンプルの平均値を取れば、だいたいθに一致する」という考え方です。

手元にあるデータDを用いて期待値を近似する方法の1つに、モンテカルロ近

似またはモンテカルロ積分と呼ばれる方法があります。具体的には、S に値を取る確率変数 X の関数 $g: S \to \mathbb{R}$ に関する期待値を、X のサンプルの集合であるデータ $D = \{x_1, \ldots, x_N\}$ を用いて、

$$\mathbb{E}\left[g(X)\right] \approx \frac{1}{N} \sum_{i=1}^{N} g(x_i)$$

と近似する手段です。先程のコイントスを例に取れば、

$$\theta = \mathbb{E}_{X \sim \text{Bern}(x;\theta)}[X] \approx \frac{1}{5}(0 + 0 + 0 + 0 + 1) = 0.2$$

のように、θ が近似されます。右辺で行った計算はまさに「すべてのサンプルの平均値」の計算であり、「すべてのサンプルの平均値を取れば、だいたい θ に一致する」という自然な考え方が数学的にも合理的であることを示しています。一般に、このように平均をサンプルを用いた平均でモンテカルロ近似した値を標本平均と呼びます。

　モンテカルロ近似が数学的にどのような意味での近似であるか、またどの程度の近似であるかは非常に興味深い問いです。これらは確率論の最も基本的な定理である中心極限定理や大数の法則と密接に関係していますが、本書の範囲を超えますので割愛します。

3.2 機械学習の基礎

ここでは機械学習の基礎について解説します。特に、教師あり学習とは何か、教師なし学習とは何か、またそれらの目的は何か、といったことを学んでいきます。

3.2.1　機械学習の目的

　本書を手に取っている読者の皆様であれば、一度は「教師あり学習」「教師なし学習」という言葉を聞いたことがあると思います。具体的なアルゴリズムの解説に入る前にこれらの数理的な違いを含めて、機械学習の考え方の基本を数学的な視点から学んでいきます。

　機械学習の目的は主に次の2つに分類できます。

1. 入力を分析
2. 入力とそれに対応する出力の関係を分析

　この2つはそれぞれ、

- 教師なし学習（unsupervised learning）
- 教師あり学習（supervised learning）

と呼ばれます。

> 📋 **MEMO**
>
> **半教師あり学習**
>
> 半教師あり学習（semi-supervised learning）と呼ばれる機械学習アルゴリズムも存在し、今なお活発に研究されています。

　次項からそれぞれどのような数理的な問題設定に対応しているのかを見ていきましょう。

3.2.2　技術的な仮定と用語

　教師あり・なしに関わらず、機械学習の目的は入力や出力と呼ばれるデータを分析することです。3.1節で少し言及したように、本書では「機械学習を用いた分析対象とするデータは背後にある確率変数からのサンプル」であると考えます。言い換えれば用意されたデータ $D = \{z_1, \ldots, z_N\}$ に対して、背後には確率変数 $Z_1, \ldots, Z_N$ が存在して、z_i は Z_i のサンプルであると考えます。

　本書で扱う機械学習アルゴリズムは、データ $D = \{z_1, \ldots, z_N\}$ が独立同分布 p に従っている、つまりすべての i, j に対して、$Z_i = Z_j$ が成立すると仮定します。そのような仮定により、機械学習の目的が「データをなすすべてのサンプルが従う単一の確率分布 p を分析すること」と等価になり、問題が少し簡単になります。現在までの機械学習の理論的枠組みは、このような独立同分布の仮定をおいた上で大きく発展しています MEMO参照 。

> **MEMO**
>
> **独立同分布の仮定**
>
> もちろん、そのような仮定を除いた研究も盛んに行われています。例えば時系列解析などはその一例です。

　ほとんどすべての場合、手元にあるのはデータ D だけで、データの各サンプルが従う分布 $p(X)$ の形や数式を人間が知る術はありません。そのため $p(X)$ のことを真の分布と呼ぶことがあります。

　真の分布 $p(X)$ を分析するために、p を何らかの意味で分析者が定めた確率分布 $q(X)$ で近似することがありますが、そのことをモデリングと呼び、$q(X)$ をモデルと呼びます。多くの場合、パラメータ $\theta \in \mathbb{R}^n$ により、モデルは決定されており、パラメータのことを特別にモデルパラメータと呼び、θ を強調して $q_\theta(X)$ と表記することがあります。例えば連続確率変数 X に対するモデルとして、多次元の正規分布 $\mathcal{N}(x; \mu, \Sigma)$ を用いたとき、モデル q は平均 μ と共分散行列 Σ のパラメータ $\theta = (\mu, \Sigma)$ により、$q_{(\mu, \Sigma)}(X = x) = \mathcal{N}(x; \mu, \Sigma)$ とパラメータ付けされます。モデルパラメータの集合を仮説空間または、パラメータ空間と呼び、その大きさをモデル容量またはモデルの大きさといいます。

　仮説空間の中を探索しやすいモデルパラメータ、つまり良いモデルを得るためには、どうすればよいのでしょうか。モデルの良さを表す指標は、分析者が用いる機械学習アルゴリズムに大きく依存していますが、最も基本的な指標として尤

度があります。データ $D = \{x_1, \ldots, x_N\}$ に対してモデル q_θ の尤度とは、

$$\prod_{x \in D} q_\theta(X = x) = q_\theta(X = x_1) \times q_\theta(X = x_2) \times \cdots \times q_\theta(X = x_N)$$

で与えられる値です。各項 $q_\theta(X = x)$ はサンプル x における確率密度関数（連続型確率変数の場合。離散型確率変数の場合は確率質量関数）の値（これを**サンプルの尤度**と呼ぶ）そのものであり、この値が大きいほどサンプル x が生成される確率が高いと考えられるため、そのようなモデルほどデータが得られる確率が高いと解釈できます。実際は尤度そのものを直接扱わず、対数関数に入力しマイナスを掛けた**負の対数尤度**、

$$-\sum_{x \in D} \log q_\theta(X = x)$$

を用いることがほとんどです。対数関数に入力することにより、サンプルの尤度の関係が和になり数理的に取り扱いやすくなります。対数関数が単調増加であることを考えると「尤度の最大化＝負の対数尤度の最小化」であることがわかります。尤度を最大化するようなパラメータを求めることを**最尤推定**と呼び、機械学習や統計学における最も基本的な手法の1つです。

　最尤推定を行うなどして、仮説空間の中を探索し、良いモデルを探す手続きのことを**学習**と呼びます。

🔷 3.2.3　教師あり学習

　データ $D = \{z_1, \ldots, z_N\}$ の各サンプル z_i が $z_i = (x_i, y_i)$ のように**入力変数** x_i と入力に対応する**出力変数**（離散的な場合**ラベル**と呼ぶこともある）y_i の組として書かれる場合を考えてみましょう。

　例えば、x_i を画像として、y_i がそれが何の画像であるかを表すラベルの値である場合などが典型的です。より具体的な例として、x_i が 8×8 の手書きの数字の白黒画像であり、y_i が 0 から 9 の値を取りその手書き数字がどの数であるかを表しているとします。このとき x_i は $8 \times 8 = 64$ ピクセルの画像であるため、64 次元のベクトル $x_i \in \mathbb{R}^{64}$ として、y_i は離散的な集合 $\{0, 1, \ldots, 9\}$ の元であると考えることができます。

　このような状況下で、「新しい手書き数字の画像がきたときに、それが表す数字は何であるかを予測するモデルを構築したい」と考えた場合、どのようにすればよいでしょうか。手書きの画像 x_i が従う確率変数を X、そのラベル y_i が従う確率

変数を Y として考えてみましょう。この場合、分析者のほうで興味があるのは、その同時分布 $p(X, Y)$ ではなく、x が与えられたときの Y の条件付き確率 $p(Y \mid X = x)$ です。なぜなら条件付き確率の真の分布 $p(Y \mid X = x)$ を知ることができれば、画像が与えられた際のラベルの予測精度が確かなものになるからです。

このように、入力変数 x を与えたときの出力 Y の確率分布 $p(Y \mid X = x)$ を分析の対象とした機械学習アルゴリズムを教師あり学習といいます。現実の問題では、$p(Y \mid X = x)$ は真の分布の一部であるため直接知ることはできません。そのため、$p(Y \mid X = x)$ をモデル $q_\theta(Y \mid X = x)$ を用いて、手元にあるデータを最も上手く説明するモデル $q^*(Y \mid X = x)$ を探す必要があります。

データを上手く説明するモデルとは、分析者が定義する各サンプルとモデルパラメータ θ に対して値が決まる損失関数（loss function）$L(q_\theta, x, y)$ を、手元のサンプル全体に対して最小化するモデルパラメータに対応するモデルのことです。言い換えれば、損失関数の値の平均、

$$L(\theta, D) := \frac{1}{N} \sum_{(x,y) \in D} L(q_\theta, x, y)$$

を最小化するモデルのことを意味します。通常損失関数はモデル q_θ とサンプル (x, y) に対して、$X = x$ での Y の条件付き確率分布 $q_\theta(Y \mid X = x)$ から y が得られるのがどの程度妥当であるかを表す関数となっています。例えば損失関数として負の平均対数尤度関数、

$$L(\theta, D) = -\frac{1}{N} \sum_{(x,y) \in D} \log q_\theta(Y = y \mid X = x)$$

は損失関数の最も基本的な例です。これにより得られたモデルは、手元のデータが生成される確率が最も高いモデルであると解釈することができます。

実際には最小値に対応するパラメータを得るための最小化アルゴリズム $\mathcal{A}$ も非常に重要な役割を果たしてきます。「モデル q_θ や最小化アルゴリズム $\mathcal{A}$ を用いて手元のデータセットに対して損失関数を最小化する手続き」そのものを「教師あり学習」と呼ぶこともあります。しかし、はたして本当に、

手元のデータをよく説明できるモデル ＝ 優秀なモデル

なのでしょうか。

3.2.4　汎化誤差から見る教師あり学習

　後に続く節で、各種教師あり機械学習アルゴリズムについて具体的に見ていきますが、その前に汎化誤差と過学習という言葉を学んでおきます。

　汎化誤差は単なる（といったら怒られるかもしれませんが）数学的概念であり、現実の問題に対して純粋な数学的概念である汎化誤差を"直接"考えることはありません。しかし、機械学習のモデルを評価する上で重要となる考え方を学ぶことができます（ここでは教師あり学習のみを扱いますが、教師なし学習において入力データの真の確率分布 $p(X)$ を直接推定するような問題設定に対しても議論は適用することができます）。

● 汎化誤差

　教師あり学習の目的は、用意されたデータを上手く説明するだけでなく、手元になかった未知の入力 x に対してもモデル $q_\theta(Y \mid X = x)$ が良いモデルであることが求められます。前述の通り、教師あり学習ではアルゴリズム $\mathcal{A}$ を用いて、損失関数 $L(q_\theta, D)$ を最小化するモデルを探索することを目指します。それによって得られるモデルは、「用意されたデータに対して用意した損失関数の値を小さくする」という意味で良いモデルですが、それだけではデータセットには存在しない未知の入力 x に対して $q_\theta(Y \mid X = x)$ が優れたモデルである保証はありません。

　そこで導入するのが汎化誤差で、モデルがどの程度「未知のデータに対して頑健か」を表す実数値です。損失関数 L に対するモデル q の汎化誤差 $\mathrm{Err}(q)$ は、

$$\mathrm{Err}(q) := \mathbb{E}_{(X,Y)}\Big[L(q, X, Y)\Big] \in \mathbb{R}$$

で定義される量で、損失関数の期待値として定義されます。汎化誤差の大小をモデルの汎化性能と呼ぶことがあります。汎化誤差はその定義から、

- 学習に用いるデータセットとは独立に得られるサンプルに対する損失関数の値の平均値
- 入手可能なすべてのデータに対する当てはめの良さ

を表していると考えることができます。汎化誤差は明らかに、手元のデータセットに対する損失関数の値の平均値よりも優れたモデルの評価指標であることがわかります。ですので、教師あり学習とは汎化誤差 $\mathrm{Err}(q_\theta)$ を最小化するモデルパラメータを探索することと考えるのが最も自然です。

しかし「汎化誤差は計算不可能な量」であることに注意する必要があります。なぜなら確率変数(X, Y)の真の分布に関して期待値を取らなければならず、前述の通りその真の分布は通常知ることができないからです。

● 汎化誤差近似のためのデータ

計算不可能な汎化誤差を最小化するために、計算可能な量で近似することを考えます。そこで必要となるのが、これまでも度々登場してきたデータ $D = \{(x_i, y_i)\}_{i=1}^N$ です。データの中の1つ1つのサンプル(x, y)は、真の分布$p(X, Y)$から独立に得られたサンプルである、というのが機械学習における基本的な仮定ですので、汎化誤差の定義に出てくる期待値のモンテカルロ近似に用いることができます。

つまり数式として、

$$\mathrm{Err}(q_\theta) = \mathbb{E}_{p(X,Y)}\Big[L(q, X, Y)\Big] \approx \frac{1}{N}\sum_{(x,y)\in D} L(q, x, y)$$

のように、汎化誤差を近似することを考えます。この近似から、最初に述べたような教師あり学習の定義、つまり手元のデータに対する損失関数の値の平均値を最小化するモデルパラメータを探索することが自然であることが理解できると思います。

しかし、ここで1つ次のような疑問が浮かびます。

学習時に用いたデータにより近似された汎化誤差を最小化するモデルは、本当に汎化誤差を最小化するモデルなのでしょうか。

つまり、

単一のデータを用いた近似値の最小化した結果が、汎化誤差を最小化することに繋がらない場合があるのではないか

ということです。実際、1つのデータに関する損失関数を必要以上に最小化することで、結果的に汎化誤差が大きくなってしまう現象を過学習（overfitting）と呼び、分析者が常に注意を払わなければならない現象の1つです（ 図3.6 ）。

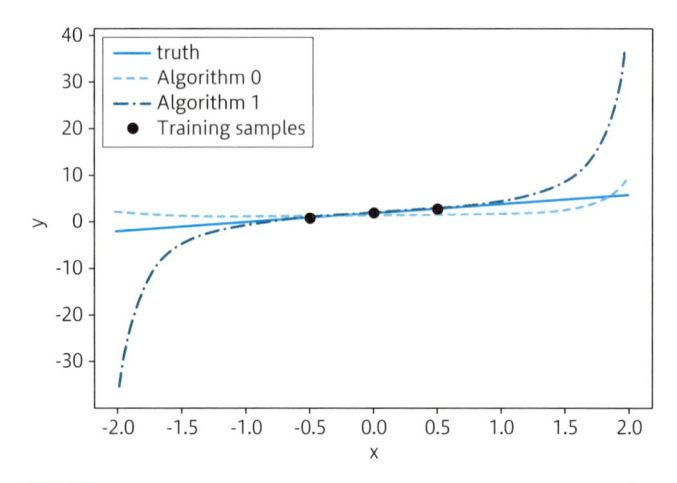

図3.6 過学習の例。20次関数 $f_{20}(x)$ の値に標準正規分布によるノイズを加えた密度関数により y の値を予測するモデル $q(Y = y \mid X = x) = \mathcal{N}(y; f_{20}(x), 1)$ を用いて、2つの異なるアルゴリズムで学習させた結果。Algorithm0よりもAlgorithm1のほうが訓練データに対して上手く当てはめができているが、その一方で訓練データから遠い点 x での予測は大きく外れてしまっており、Algorithm1により得られたモデルの汎化性能が高いとは必ずしもいえない

現在までのところ、

1. 過学習を防ぐためにはどうしたらよいのか
2. 過学習をしているか否かを知るにはどうしたらよいのか

という疑問に対する明確な回答は存在しません。

1.に対しては学習アルゴリズムや仮説空間をいかに設計するかというレイヤーの話であり、今なお活発に研究がされています。例えば正則化と呼ばれる手法では学習時の損失関数の値を工夫して過学習を防ぎます。

2.に対しては通常、学習時に使ったデータとは独立なデータを用意してできあがったモデル q_1, q_2 に対する汎化性能を評価して、どちらが優れた予測モデルであるかを評価します。その独立なデータセットをテストデータと呼びます。

以降、学習時に用いるデータを訓練データ、学習時に用いたデータセットとは独立な性能評価に用いるデータをテストデータと呼びます。

データを用いて汎化誤差を近似するという観点からは、テストデータのサンプルの数は多ければ多いほど良いのですが、現実で得られるデータの数には限りがあります。そのため訓練データとテストデータのサンプル数の間には、トレードオフの関係があり、そのバランスは非常に難しい問題です。

例えば、テストデータのサンプル数が少ない場合は、テストデータの汎化誤差

の近似性能が低いため、正しくモデルの汎化性能を評価できません。逆に、訓練データのサンプル数が少ない場合、テストデータを用いた汎化性能の評価はより正確になりますが、学習に用いられるサンプル数が少ないために性能の良いモデルを得ることが難しくなります。

● モデル容量と過学習の関係

モデルの容量、つまり仮説空間$\mathcal{H}$の大きさと過学習の関係について述べておきます。

教師あり学習では仮説空間$\mathcal{H}$の中を探索して、訓練データに対する損失関数を最小化していきます。モデル容量が大きければ大きいほど、捜索範囲が広いことを意味するため、損失関数を小さくしやすいということがわかります。

モデルの容量が大きければ大きいほど、より多くの確率分布をモデリングすることができ、複雑な真の分布を持つ問題に対応することが可能となりますので、これは良いことのように思われますが、必ずしもそうとはいえません。前述のように、訓練データに対する当てはめが良すぎると過学習を引き起こしてしまうからです。一方で、過学習を防ぐためにモデル容量を小さくしすぎてしまうと、真の分布を上手く近似することができません。このような過学習とは反対の現象を未学習と呼びます。このような背景から、教師あり学習で解きたいタスクの難易度と、用意できる訓練データのサンプル数に応じてちょうど良い容量を持ったモデルを採用することが重要となります（ 図3.7 ）。

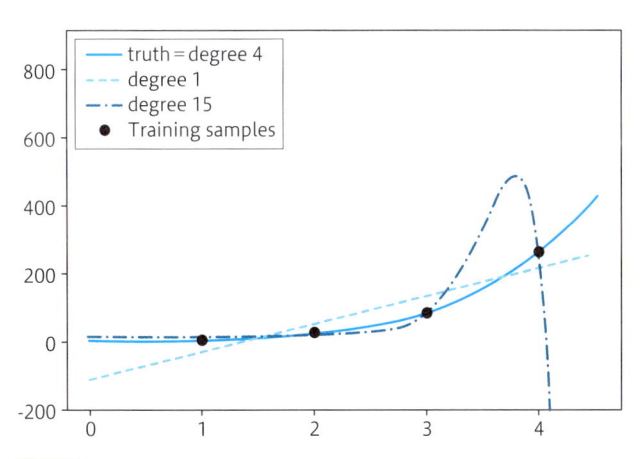

図3.7 $n = 1, 4, 15$それぞれのn次関数を同一のデータ・損失関数・最小化アルゴリズムを用いて学習させた結果。パラメータの数を考えるとnが大きいほどモデル容量は大きいため、$n = 1$では上手く当てはめが起こらず未学習を、$n = 15$ではパラメータの数が大きいため過学習を引き起こしてしまっている

この例のように、常にちょうど良いモデルを選ぶことが重要ですが、真の分布がわからない現実の問題では、手探りで探す以外に方法はありません。ある問題では線形な簡単なモデルで十分で、またある問題では100万次の項まで持った多項式モデルがちょうど良いモデルかもしれません。よって分析者は「モデル容量（＝探索範囲の広さ）」と「過学習しやすさ」がトレードオフの関係にあることを常に注意し、ちょうど良いモデルを探していく必要があります。

3.2.5　教師なし学習

教師あり学習とは異なり、データDの中に入力変数に対応する出力変数が与えられていない場合を考えてみます。この場合データ$D = \{z_1, \ldots, z_N\}$それ自体の背後にある性質や構造を分析することを目的とします。言い換えれば、「真の分布の数式や形状はわからないがデータから、何かしら$p(X)$の特徴を得ることはできないか、そこから何か示唆を得ることはできないか」と考えます。このように出力変数が与えられていない状態で、真の分布$p(X)$を分析する手法を教師なし学習と呼びます。例えば、コインの表裏をそれぞれ$1, 0$に対応させ、5回のコイントスの結果からなるデータ$D = \{0, 0, 0, 0, 1\}$を考えます。この場合データは$p(X) = \mathrm{Bern}(x; \theta)$に従う確率変数$X$からのサンプルの集合であると仮定するのが自然です。ベルヌーイ分布は、パラメータθにより決定されるので、データからθを推定することを考えます。3.1節で取り扱ったように、θは$\mathrm{Bern}(x; \theta)$の期待値に等しいので、モンテカルロ近似を用いて、

$$\theta = \mathbb{E}_{X \sim \mathrm{Bern}(x;\theta)}[X] \approx \frac{1}{5}(0 + 0 + 0 + 0 + 1) = 0.2$$

と推定することができます。つまりデータが生成される確率分布$p(X)$はおおよそ$\mathrm{Bern}(x; 0.2)$に等しいという仮定をおける根拠となります。もしこのデータが与えられた上で友人とコイントスの表裏を当てるゲームをすれば、θの推定値が$0.2 < 0.5$であることを用いて、すべて裏であると賭けることで勝率が上がります。

Googleの躍進の起爆剤となった中心的なアルゴリズムであるPageRank（『The PageRank Citation Ranking: Bringing order to the Web. Stanford InfoLab』（Page, Lawrence and Brin, Sergey and Motwani, Rajeev and Winograd, Terry, 1999、 URL http://ilpubs.stanford.edu:8090/422/1/1999-66.pdf）は、Webページの重要度を計算するアルゴリズムの1つですが、教師なし学習アルゴリズムの1つであると考えることもできます。

　Webページのリンクを辿って無限に長い時間ネットサーフィンをする人が最終的にどのWebサイトに到達するか、その確率こそがPageRankです。すべてのWebページからなる離散的な集合$W = \{w_1, \ldots, w_n\}$に値を取る、ネットサーファーの終着点を表す確率変数Xの分布を分析することに相当します。

　教師なし学習は、教師あり学習に比べてはっきりとした目的は定まっていません。多くのアルゴリズムが存在しますが、その結果の解釈や応用は様々で分析者の手に委ねられているのが現状です。

　本書では教師なし学習の例としてクラスタリングと次元削減などについて紹介します。

3.3 教師あり学習

> ここでは教師あり学習について学んでいきます。具体的なアルゴリズムだけでなく、その理論的背景についても解説していきます。

3.3節では教師あり学習の具体的なモデルとアルゴリズムについて、理論的側面に重点をおきながら学んでいきます。教師あり学習の問題は主に、

1. **分類問題** … 出力変数に対応する確率変数Yが、離散確率変数の場合の教師あり学習問題
2. **回帰問題** … 出力変数に対応する確率変数Yが、連続確率変数の場合の教師あり学習問題

の2つに分けることができますが、本書では前者の分類問題のみを取り扱います。それは機械学習が関連する多くの現実の問題が分類問題として現れることと、分類問題は回帰問題に比べ数理的に問題設定が簡単であるためです。とは言うものの、本質的にはどちらも同じような問題であり、多くの教師あり学習モデルは少しの改変により双方へ適用することができます。

ここで解説する内容は、教師あり学習アルゴリズムとモデルの中でも、現時点で実務の現場で頻繁に利用されていてかつ重要な、

- 線形（ロジスティック回帰）モデル
- 勾配ブースティング決定木（Gradient Boosting Decision Tree）
- ニューラルネットワーク

の3つに限定します。その理由は、

- これら3つをより深く理解することで、その他のモデルやアルゴリズムを自力で理解する力を養うことができる
- その他の代表的なアルゴリズムはすでに多くの書籍で解説がなされている

ためです。

scikit-learnで実装されている教師あり学習モデルはほとんどすべて、共通のAPIにより学習と予測を実行することができます。ここではまず分類問題におけ

るモデルの基本的な精度評価方法を解説、その後各種モデルとアルゴリズムの理論的側面を重点的に紹介した後、その共通のAPIを用いた具体的な実装方法を解説します。

本編に入る前に、この節で用いる分類問題に対する教師あり学習の設定と目的をここで改めて明示しておきます。入力変数に対応する$\mathbb{R}^n$に値を持つ連続確率変数をXと、出力変数に対応する離散集合Sに値を持つ離散確率変数をYとおきます。同時確率変数(X, Y)に従う独立なサンプルからなるデータ$D = \{(x_1, y_1), \ldots, (x_N, y_N)\}$が与えられたとします。その上で、$X$に従う新たなサンプル$x$が与えられたときの$Y$の条件付き分布$p(Y \mid X = x)$を精度良く近似するモデル$q(Y \mid X = x)$を構築することが目的です。

🔷 3.3.1　分類モデルの精度評価

より具体的なアルゴリズムの解説に入る前に、ここでは分類問題に対する教師あり学習におけるモデル（以下分類モデルと呼ぶことがあります）の精度評価方法について触れておきます。

◉ 実用的なモデルとは

教師あり学習では、分析者が損失関数Lを定義しその汎化誤差を最小化するモデルq_θを構築することが真の目的です。一方で計算不可能な量である汎化誤差を最小化するため、手元のデータを訓練データとテストデータに分割し、訓練データでモデルの探索を行い、その後テストデータを用いて汎化誤差を近似し、モデルを評価する、といった一連の流れがあります。以下では訓練データをD_{train}テストデータをD_{test}と表記します。

しかし分析者が勝手に定義した損失関数に対する汎化誤差を測るだけで、本当に実用に足るモデルが作れるのでしょうか。例えば、損失関数として負の対数尤度$-\log q_\theta(Y \mid X = x)$を用いた場合、学習の結果得られた2つのモデルパラメータθ_1に対する値が0.0300、θ_2に対する値が0.0301となったとします。与えた損失関数に関する汎化誤差が唯一の精度評価指標であると考えた場合には、θ_2のほうが優れたモデルであるという結論になります。もし与えた損失関数が適切でなかった場合この結論は誤りであり、実際にそのモデルを製品やサービスに取り込んでしまっては取り返しのつかないことになります。幸いにも分類問題においては、損失関数から独立かつ解釈が容易な精度評価指標が存在します。

● 予測値と評価関数

分類モデル q による、入力変数 $x \in \mathbb{R}^n$ に対する**予測値**（または**予測ラベル**）$\hat{y}_x$ を、

$$\hat{y}_x := \underset{i \in S}{\mathrm{argmax}}\, q(Y = i \mid X = x)$$

として定めます。すなわちモデルによる出力変数の条件付き確率が最も高いものを予測値として採用します。

テストデータ $D_{test} = \{(x, y_x)\} \subset \mathbb{R}^n \times S$ の各入力変数に対する予測値と、実際のラベルを集めた集合（**予測集合**（これは本書のみで用いる用語あり、一般的なものではありません））を、

$$D_{pred}(q) := \{(\hat{y}_x, y_x) \in S \times S \mid (x, y_x) \in D_{test}\}$$

とします。**評価関数**とは $D_{pred}(q)$ に対して分類モデル q による予測がどの程度優れているかを表す値 $\mathcal{M}(D_{pred}(q))$ を対応させる関数のことであり、評価関数 $\mathcal{M}$ が定まっているとき、2つの分類モデル q_1, q_2 に対して、

$$\mathcal{M}(D_{pred}(q_1)) < \mathcal{M}(D_{pred}(q_2))$$

であるときに「q_2 は q_1 よりも優れたモデルである」と結論付けます。これもまたデータ D の特性や問題設定により適切な評価関数を定めなければ誤った結論を導きかねないため、各種評価関数の特性を理解し、かつ複数の評価関数を用いることが重要です。

● 代表的な評価関数 - 2値分類問題の場合

$\#S = 2$ の場合、すなわち2値分類問題を考えます。表記の簡単のため $S = \{0, 1\}$ とおきます。まず、最も基本的かつわかりやすい評価関数である**正解率（Accuracy）**を、

$$\mathrm{Accuracy}(D_{pred}(q)) := \frac{\#\left\{(\hat{y}_x, y_x) \in D_{pred}(q) \mid \hat{y}_x = y_x\right\}}{\#D_{test}}$$

で定めます。言い換えれば、予測集合の中で予測ラベルと実際のラベルが一致しているものの割合です。例えばテストデータのラベルが $(0, 1, 0, 1, 0)$、対応する予

測ラベルが $(0, 1, 0, 0, 0)$ の場合、$D_{pred} = \{(0,0), (1,1), (0,0), (1,0), (0,0)\}$ であり、ラベルが一致しているのは5個中4個なので、

$$\text{Accuracy}(D_{pred}) = 4/5 = 0.8$$

と計算されます。直感的にわかりやすく、計算もしやすい指標のように思われますが、実際には注意が必要です。先の例は、テストデータに含まれるラベルの中で0と1の数が等しい状況、つまり、

$$\#\{(x, y) \in D_{test} \mid y = 1\} = \#\{(x, y) \in D_{test} \mid y = 0\}$$

が成立する最も基本的なケースでした。この等式が成立するデータを均衡データと呼び、成立しないデータを不均衡データと呼びます。実社会における教師あり学習問題で与えられる多くのデータは、不均衡データであり、その詳しい扱いについては第4章で別途解説を行います。

例えばテストデータのラベルが $(1, 1, 1, 1, 1, 1, 1, 1, 1, 0)$ で与えられるような不均衡データを考えてみましょう。予測ラベルがすべて1と予測する自明なモデルに対する正解率は、$9/10 = 0.9$ となり、$(1, 1, 1, 1, 0, 1, 1, 1, 1, 0)$ と予測する自明でないモデルの正解率は $8/10 = 0.8$ となり、すべて1と予測する実用性のないモデルが優勢になってしまいます。一方で「ラベルが1と予測したものの中で実際に1であるものの割合」を比べると、自明なモデルは $9/10 = 0.9$ で後者の自明でないモデルは、$8/8 = 1.0$ となり、この場合正解率よりも直感的に正しい指標となっていることが考えられます。この指標のことを適合率（Precision）と呼びます。

$$\text{Precision}(D_{pred}(q)) := \frac{\#\{(\hat{y}_x, y_x) \in D_{pred}(q) \mid \hat{y}_x = y_x = 1\}}{\#\{(\hat{y}_x, y_x) \in D_{pred}(q) \mid \hat{y}_x = 1\}}$$

また、適合率とは逆に「実際のラベルが1であるものの中で、予測ラベルが1のものの割合」を再現率（Recall）と呼びます。

$$\text{Recall}(D_{pred}(q)) := \frac{\#\{(\hat{y}_x, y_x) \in D_{pred}(q) \mid \hat{y}_x = y_x = 1\}}{\#\{(\hat{y}_x, y_x) \in D_{pred}(q) \mid y = 1\}}$$

適合率と再現率はトレードオフの関係にあるため、そのバランスを考えた指標であるF値、

$$2 \cdot \frac{\mathrm{Recall}(D_{pred}(q)) \cdot \mathrm{Precision}(D_{pred}(q))}{\mathrm{Recall}(D_{pred}(q)) + \mathrm{Precision}(D_{pred}(q))}$$

も代表的な評価関数の1つです。各種評価関数の特性を正しく理解し、目の前の問題で最適化すべき関数は何なのかを見定めることも分析者の役割です。

scikit-learnでは代表的な評価関数が`sklearn.metrics`クラスに実装されています。例えば正解率は`sklearn.metrics.accuracy_score`クラスを用いることで リスト3.20 のように算出できます。

リスト3.20 正解率

In

```
from sklearn.metrics import accuracy_score

# 真のラベル
y_true = [0, 1, 0, 1, 0]

# 予測されたラベル
y_predicted = [0, 1, 1, 1, 1]

print("Accuracy: ", accuracy_score(y_true, ➡
y_predicted))   # 5個の予測のうち3つが正解なので0.6
```

Out

```
Accuracy:  0.6
```

● 代表的な評価関数 - 多値分類の場合

2値分類の場合と全く同様に、任意の数の分類問題においても正解率を定義することができます。その他には、各ラベルに関する正解率の平均値である平均正解率、

$$\frac{1}{\#S} \sum_{i \in S} \frac{\# \{(\hat{y}_x, y_x) \in D_{pred}(q) \mid \hat{y}_x = y_x = i\}}{\# D_{test}}$$

や、同様にして各ラベルに関する適合率、再現率、F値の平均値であるマクロ適合率、マクロ再現率、マクロF値などが存在します。

🔷 3.3.2　ロジスティック回帰

　最初の分類モデルとして**ロジスティック回帰**モデルを解説します。ロジスティック回帰は最も基本的なモデルかつ古典的なものですが、今現在でも実世界の問題に対して広く適用されているモデルです。入力変数の各成分、つまり各特徴量に相互作用がない**線形なモデル**であるため、学習されたモデルの解釈性の高さと大規模なデータに対してスケールしやすいという性質を持っています。

🔵 モデルの定義

　以下、出力に対応する確率変数が値を取る集合を $S = \{1, \ldots, K\}$ とします。$2K$ 個のパラメータ $w_1, \ldots, w_K \in \mathbb{R}^N$ と $b_1, \ldots, b_K \in \mathbb{R}$ を用いて、入力 $x \in \mathbb{R}^n$ に対する Y の条件付き分布を、

$$q(Y = i \mid X = x) := \frac{\exp(w_i^T x + b_i)}{\sum_{j=1} \exp(w_j^T x + b_j)} \quad , \quad i = 1, \ldots, K$$

のようにモデリングします。ここで $w_j = (w_j^i)$ と表せば、ラベル i, j の比率の対数を取ったものは、

$$\log \frac{q(Y = i \mid X = x)}{q(Y = j \mid X = x)} = w_i^T x + b_i - w_j^T x - b_j$$

となり、ラベルの確率比が入力 x に対する線形関数になるようにモデリングを行うことと等価であることがわかります。$K = 2$ のとき、

$$\begin{aligned} q(Y = 1 \mid X = x) &= \frac{\exp(w_1^T x + b_1)}{\exp(w_1^T x + b_1) + \exp(w_2^T x + b_2)} \\ &= \frac{1}{1 + \exp\left(-((w_1 - w_2)x + (b_1 - b_2))\right)} \\ &= \mathrm{sigmoid}((w_1 - w_2)x + (b_1 - b_2)) \end{aligned}$$

$$q(Y = 2 \mid X = x) = 1 - q(Y = 1 \mid X = x)$$

と書くことができ、$w = w_1 - w_2, b = b_1 - b_2$ とパラメータをおき直せば2値分類問題でよく用いられる一般的なロジスティック回帰モデルの形に変形することができます。

　ロジスティック回帰モデルの優れた点として、その解釈性の高さがあります。

$w_i = (w_{i1}, \ldots, w_{in}) \in \mathbb{R}^n$ と書いたとき、各ラベルに対する確率に寄与するのは指数関数の中身である線形な項、

$$w_i^T x + b_i = w_{i1} x_1 + \cdots + w_{in} x_1 + b_i$$

であるため、入力変数のどの成分（すなわちどの特徴量）が確率に寄与しているのかをパラメータを見るだけで解釈可能です **MEMO 参照**。

● 損失関数

ロジスティック回帰モデルを訓練データ $D = \{(x_1, y_1), \ldots, (x_N, y_N)\}$ を用いて学習させるためには、損失関数を設計しなければなりません。表記の簡単のため、各出力ラベル $y_i \in S$ に対して $y_{i1}, \ldots, y_{iK}$ を、

$$y_{ij} = \begin{cases} 1 & (y_i = j) \\ 0 & (y_i \neq j) \end{cases}$$

と定め、これを用いて代表的な損失関数である**交差エントロピー**は、

$$L(\theta) = -\frac{1}{N} \sum_{i=1}^{N} \sum_{j=1}^{K} y_{ij} \log q(Y = j \mid X = x_i)$$

$$= -\frac{1}{N} \sum_{i=1}^{N} \log q(Y = y_i \mid X = x_i)$$

のように与えられます。最後の等式は「交差エントロピーを最小化＝訓練データの尤度を最大化」であることを示しています。交差エントロピーそのものは情報理論から由来しており、確率分布同士の距離を表す1つの尺度ですが、ここでは尤度を表していると解釈して差し支えありません。

● 正則化と制約条件付き最適化

3.2節でモデルの容量、つまり仮説空間の大きさと過学習の関係性について触れました。仮説空間が大きければ大きいほど過学習しやすいため、適切にモデルを選ぶことが重要です。ロジスティック回帰モデルに限らず、学習時に損失関数や最適化アルゴリズムに手を加えることにより、仮説空間を制限することで、過学習を防ぐ手法が多く存在し、それらを正則化と呼びます。

代表的な正則化手法として、パラメータのL^pノルムに制約条件をつけるL^p正則化があります。L^p正則化では、パラメータ$\lambda > 0$を用意して学習時に最適化する損失関数を、

$$\tilde{L}_\lambda(\theta) := L(\theta) + \lambda \|\theta\|_p^p$$

のように与えます。ここでLはもとの損失関数です。L^p正則化を行う学習は$\tilde{L}_\lambda$を最小化するθを求めることになるわけですが、これは$\|\theta\|_p$の大きさを制限した条件下でLを最小化するθを探すことと等価であることが知られています。

実際θ^*が$\tilde{L}_\lambda$の最小値を与えると仮定し、$\tau = \|\theta^*\|_p^p$とおいてみましょう。もし$\|\theta\|_p^p \leq \tau$という条件下で$L(\theta^*)$よりも小さい値を取るθ^{**}が存在したとすると、それらの定義から、

$$\|\theta^{**}\|_p^p \leq \tau$$
$$L(\theta^{**}) < L(\theta^*)$$

であるので、

$$\tilde{L}_\lambda(\theta^{**}) = L(\theta^{**}) + \lambda\|\theta^{**}\|_p^p < L(\theta^*) + \lambda\|\theta^*\|_p^p = \tilde{L}_\lambda(\theta^*)$$

が成立します。これはθ^*が$\tilde{L}_\lambda$の最小値であることに矛盾します。結果としてθ^*は制約条件$\|\theta\|_p^p \leq \tau$の下でのLの最小値を与えることが示されました。逆の等価性は本書の範囲を超えるため割愛しますが、凸最適化の基本的な概念である双対性などを用いて証明されます。

パラメータのノルムを制限することで、仮説空間を小さくし過学習を防ぐことがL^p正則化の目的ですが、その歴史は長く特にL^1正則化はLasso、L^2正則化はRidgeと呼ばれることがあります。scikit-learnの多くのモデルでこれら2つが実装可能です。

L^1正則化とL^2正則化それぞれの間を取った制約条件を課すElastic Netも

scikit-learnで実装可能です。Elastic Netではパラメータ$0 \leq \alpha \leq 1$を用意し、損失関数を、

$$\tilde{L}_\lambda(\theta) := L(\theta) + \lambda \left(\alpha \|\theta\|_1 + (1-\alpha) \|\theta\|_2^2 \right)$$

のようにして定めます。Elastic NetもL^p正則化と同様に、制約条件下における最適化問題と等価であることを示すことができます。

　どのような正則化手法を用いればよいか模索することも分析者の重要な役目です。それぞれの正則化手法が数理的にどのように解釈できるのかここで少し触れましたので、その心を忘れずに目の前の問題に取り組みましょう。

● 学習（最適化）アルゴリズム

　ロジスティック回帰モデルの学習には損失関数として定めた交差エントロピーを最小化する必要があります。交差エントロピーに限らず、より一般の関数を最小化する代表的な手法をいくつか、scikit-learnのロジスティック回帰モデルの学習に用いられるものに絞って解説していきます。

　ここで考える最小化したい関数$f : \mathbb{R}^n \to \mathbb{R}$は基本的に次のような形、

$$f(x) = \frac{1}{N} \sum_{i=1}^{N} f_i(x_i) \cdots (\star)$$

をしているとします。例えば交差エントロピーはこのような関数です。もしくは、L^p正則化に対応するような関数$h : \mathbb{R}^d \to \mathbb{R}$が$f(x)$に加えられた関数、

$$\frac{1}{N} \sum_{i=1}^{N} f_i(x_i) + h(x)$$

も対象ですが、このような関数は適切に変形することで$(\star)$の形に書き直すことができます。

勾配降下法

　3.1節で紹介した勾配降下法は関数を最小化する最も基本的なアルゴリズムです。おさらいすると勾配降下法では初期点x_0からはじめて、

$$x_{t+1} = x_t - \alpha_t\, f'(x_t) \quad (t = 0, 1, 2, \ldots)$$

このようなルールで値を更新していき、最小値を目指します。適当な条件の下、最小値を取る点を x^* として、$f(x^*)$ と $f(x_k)$ の値の差は $O(1/k)$ のオーダーでゼロに収束します。

$$f(x^*) - f(x_k) = O(1/k)$$

　勾配降下法はこのように優れた手法ですが、一般に勾配の計算は計算量が大きく、あまり実用的ではありません。特にビッグデータに対して機械学習モデルを学習させる際に出てくる損失関数の多くは、前ページの(★)式の形の関数であり、N が大きい場合1回の値の更新に多くの計算時間を費やしてしまいます。実際その場合の勾配 $f'(x_t)$ は、

$$f'(x_t) = \frac{1}{N} \sum_{i=1}^{N} f'_i(x_t)$$

のように N 個の微分を計算しなければなりません。そこで「ボトルネックである勾配計算をある程度"サボりつつ"、最小化を目指すアルゴリズム」が発表されてきました。

確率的勾配降下法（Stochastic Gradient Descent）

　確率的勾配降下法は通称SGDと呼ばれ、そのようなアルゴリズムの中で最も基本的かつ重要なものとして位置づけられています。SGDでは、1回の更新で N 個すべての $f_i(x_t)$ に対して勾配を計算するのではなく、N よりも十分小さい M 個をランダムに選んで勾配を計算します。より具体的には各 t に対してランダムに $T = \{t_1, \ldots, t_M\} \subset \{1, \ldots, N\}$ を選び、

$$x_{t+1} = x_t - \frac{\alpha_t}{M} \sum_{i=1}^{M} f'_{t_i}(x_t) \quad (t = 0, 1, 2, \ldots)$$

のようにパラメータを更新していきます。ランダムに M 個を選ぶことの正当性は、$g(T) := \frac{1}{M} \sum_{i=1}^{M} f'_{t_i}(x_t) \in \mathbb{R}$ を確率変数とみなしたときに、

$$\mathbb{E}_T[g(T)] = \frac{1}{N} \sum_{i=1}^{N} f'_i(x_t) \cdots (*)$$

が成立するという事実から保証されます。このような性質を持つ確率変数の実現

値（この場合実際に計算される $\frac{1}{M} \sum_{i=1}^{M} f'_{t_i}(x_t)$）のことを**不変推定量**と呼びます。実際に $g(T)$ が $f'(x_t)$ の不変推定量であることは以下のようにして確かめられます。

　期待値 $\mathbb{E}_T[g(T)]$ は、「$\{1, \ldots, N\}$ から M 個ランダムに選ぶ」という確率変数 $T = (t_1, \ldots, t_M)$ の関数 g に対する期待値であることに注意しておきます。T が値を取る集合は N 個から M 個選ぶ場合の数全体なので ${}_N\mathrm{C}_M$ です。従って、

$$
\begin{aligned}
\mathbb{E}_T[g(T)] &= \frac{1}{M} \mathbb{E}_T \left[\sum_{i=1}^{M} f'_{t_i}(x_t) \right] \\
&= \frac{1}{M} \frac{1}{{}_N\mathrm{C}_M} \sum_{i=1}^{N} f'_i(x_t) \times {}_{N-1}\mathrm{C}_{M-1} \\
&= \frac{1}{M} \sum_{i=1}^{N} \frac{1}{{}_N\mathrm{C}_M} \times {}_{N-1}\mathrm{C}_{M-1} \times f'_i(x_t) \\
&= \frac{1}{M} \sum_{i=1}^{N} \frac{M!(N-M)!}{N!} \frac{(N-1)!}{(M-1)!(N-M)!} f'_i(x_t) \\
&= \frac{1}{M} \sum_{i=1}^{N} \frac{M}{N} f'_i(x_t) \\
&= \frac{1}{N} \sum_{i=1}^{N} f'_i(x_t)
\end{aligned}
$$

のように前ページの（*）式が示されました。このように SGD では計算すべき勾配の不変推定量 $g(T)$ を用いることで、**確率的に**最適化を行います。適当な条件のもと SGD は勾配降下法と同様の収束性が、次のように期待値の言葉を用いて示されます。

$$
f(x^*) - \mathbb{E}[f(x_k)] = O(1/k)
$$

　このように SGD は期待値的には勾配降下法と同様の収束性を持ちますが、更新に用いられる勾配はあくまで推定値であり、その分散が大きい場合実際の最適化では収束が遅くなる等の悪い性質を持ちます。

SAG/SAGA

SGD で用いられる勾配の推定量の分散を小さくする手法として、**SAG**（Stochastic

Average Gradient）とその改良版である SAGA が提案されています。これら2つのアルゴリズムでは、まず初期点 x_0 における勾配を計算した後、その値をメモリに保存しておきます。その後、各ステップ $t = 1, 2, 3, \ldots$ では、ランダムに選んだ $i \in \{1, \ldots, N\}$ の勾配値のみを更新し、i_t 以外のサンプルに関する勾配は、メモリの保存された過去のものを用いて計算します。

各 $i \in \{1, \ldots, N\}$ に対して、t 回目の更新までで最後に f_i の勾配が計算された点を $\phi_i^t \in \mathbb{R}^n$ とします。それを用いて SAG では、

$$
x_{t+1} = x_t - \alpha_t \left[\frac{f'_{i_t}(x_t) - f'_{i_t}(\phi_{i_t}^t)}{N} + \frac{1}{N} \sum_{i=1}^{N} f'_i(\phi_i^t) \right] \quad (t = 0, 1, 2, \ldots)
$$

のように値を更新していきます。ここで、$i_t \in \{1, \ldots, N\}$ はランダムに選びます。SAG で用いられる勾配推定値は不変推定量となっていません。そこを修正したのが SAGA で、

$$
x_{t+1} = x_t - \alpha_t \left[f'_{i_t}(x_t) - f'_{i_t}(\phi_{i_t}^t) + \frac{1}{N} \sum_{i=1}^{N} f'_i(\phi_i^t) \right] \quad (t = 0, 1, 2, \ldots)
$$

のように値を更新していきます。SAGA の推定量が不変推定量となっていることは、

$$
\mathbb{E}_{t_i} \left[f'_{i_t}(x_t) - f'_{i_t}(\phi_i^t) + \frac{1}{N} \sum_{i=1}^{N} f'_i(\phi_i^t) \right]
$$
$$
= \mathbb{E}_{t_i}[f'_{i_t}(x_t)] - \mathbb{E}_{t_i}[f'_{i_t}(\phi_i^t)] + \frac{1}{N} \sum_{i=1}^{N} f'_i(\phi_i^t)
$$
$$
= \frac{1}{N} \sum_{i=1}^{N} f'_i(x_t) - \frac{1}{N} \sum_{i=1}^{N} f'_i(\phi_i^t) + \frac{1}{N} \sum_{i=1}^{N} f'_i(\phi_i^t)
$$
$$
= \frac{1}{N} \sum_{i=1}^{N} f'_i(x_t)
$$

のように確かめられます。SAG/SAGA が共に分散を削減する手法であることの証明は本書の範囲を超えるため割愛しますが、気になる方は論文 MEMO参照 をご覧ください。

> 📋 **MEMO**
>
> ### SAG/SAGA に関する論文
>
> - 『SAGA: A Fast incremental Gradient Method With Support for Non-strongly Convex Composite Objectives.』
>   （Defazio, Aaron, Francis Bach, and Simon Lacoste-Julien. Advances in neural information processing systems. 2014）
>   URL https://www.di.ens.fr/~fbach/Defazio_NIPS2014.pdf

● scikit-learn における実装

以上に紹介したアルゴリズムはすべてscikit-learnに実装されている基本的なものです。`sklearn.linear_model.LogisticRegression`クラスでは、SAG/SAGAを用いた正則化を行わないロジスティック回帰モデルの学習が可能です。L^1正則化を用いる場合はSAGA、L^2正則化を用いる場合はSAGのみが使用可能です。`sklearn.linear_model.SGDClassifier`クラスでは$M = 1$としたSGDによる学習が可能でL^1/L^2正則化を含むElastic Net正則化を用いることが可能です（**リスト3.21**）。

リスト3.21 scikit-learnによる実装例[※1]

In

```python
import numpy as np
from sklearn.linear_model import LogisticRegression
from sklearn.linear_model import SGDClassifier

# Toyデータの作成
X = np.random.normal(0, 1, (100, 10))
y = np.random.randint(0, 2, (100,))

# SAGAによるL^1正則化を用いたモデルインスタンスの作成
l1_logistic = LogisticRegression(solver='saga', penalty=➡
'l1', max_iter=100)

# SGDによるL^2正則化を用いたモデルインスタンスの作成
l2_logistic = SGDClassifier(penalty='l2', max_iter=100)
```

※1　乱数を利用しているため、出力結果は誌面と異なる場合があります。

```
# 学習
l1_logistic.fit(X, y)
l2_logistic.fit(X, y)

# 予測値の出力
X_test = np.random.normal(0, 1, (10, 10))
print("L^1 + SAGA: ", l1_logistic.predict(X_test))
print("L^2 + SGD: ", l2_logistic.predict(X_test))
```

Out

```
L^1 + SAGA:  [0 1 1 1 1 0 1 1 1 1]
L^2 + SGD:  [0 0 1 1 0 1 1 1 1 0]
```

🔹 3.3.3　ニューラルネットワーク

　ここでは、昨今の深層学習ブームの火付け役となった<u>ニューラルネットワーク</u>の基本的なモデルの1つである、多層ニューラルネットワークについて解説します。

　多層ニューラルネットワークを用いた分類モデルは、線形関数であるロジスティック回帰におけるラベルの確率比、

$$\log \frac{q(Y = i \mid X = x)}{q(Y = j \mid X = x)} = w_i^T x + b_i - w_j^T x - b_j$$

を、より一般の非線形関数$\text{NN}(x)$の出力に拡張したものということができます。

　多くの書籍や解説記事で語られているように、昨今の深層学習ブームは、主に計算機の発達と、それに伴い<u>CNN</u>や<u>GAN</u>など複雑なモデルの学習が容易となったことに起因しているといわれていますが、本書の範囲を超えるため、それらのモデルの解説は行いません。

　興味のある読者の方はインターネット上で無料で閲覧可能な以下のコンテンツを読むことをおすすめします。

- 『Deep Learning』(Ian Goodfellow and Yoshua Bengio and Aaron Courville, MIT Press, 2016)
  URL http://www.deeplearningbook.org

● モデルの定義

　ニューラルネットワークは線形変換（より正確にはアフィン変換）と活性化関数と呼ばれる非線形関数を用いた非線形変換の合成関数です。線形変換の回数を $L > 0$、それぞれの線形変換の行き先の次元を $d_1, \ldots, d_L$ とし、d_0, d_L を入力／出力変数の次元 $d_0 = n, d_L = K$ とします。

　それぞれの線形関数 $f_l : \mathbb{R}^{d_{l-1}} \to \mathbb{R}^{d_l}$ は、$d_l \times d_{l-1}$ 行列 W_l とベクトル $b_l \in \mathbb{R}^l$ を用いて $f_l(x) = W_l x + b_l$ のように表されているとします。また、後述する活性化関数を $\sigma : \mathbb{R}^{d_l} \to \mathbb{R}^{d_l}$ とします。

　これらによりニューラルネットワーク $\mathrm{NN} : \mathbb{R}^n \to \mathbb{R}^K$ による分類モデルを、

$$\mathrm{NN}(x) := \mathrm{Softmax} \circ f_L \circ \sigma \circ f_{L-1} \circ \sigma \circ \cdots \circ f_2 \circ \sigma \circ f_1(x)$$

により定めます。つまり、線形変換 f_l と活性化関数 σ による非線形変換を交互に繰り返した出力をソフトマックス関数に入力したものを確率分布と解釈するモデルです。

$$\mathbb{R}^n = \mathbb{R}^{d_0} \xrightarrow{f_1} \mathbb{R}^{d_1} \overset{\sigma}{\curvearrowright} \mathbb{R}^{d_1} \xrightarrow{f_2} \mathbb{R}^{d_2} \overset{\sigma}{\curvearrowright} \mathbb{R}^{d_2} \xrightarrow{f_3} \cdots \xrightarrow{f_L} \mathbb{R}^{d_L} = \mathbb{R}^K \xrightarrow{\mathrm{Softmax}} \mathbb{R}^K$$

　$L = 1$ の場合は、ロジスティック回帰そのものであるので、その自然な一般化であると考えることもできます。ニューラルネットワークは直感的に人間の脳のニューロンの仕組みを模したものであるといわれていますが、機械学習の問題を解く上ではそれらの解釈はあまり意味をなしません。

　ニューラルネットワークは単に非線形変換の列であり、「人間の脳を代替する」といった代物でないことはいうまでもありません。

　NN が学習すべきパラメータは、$W_1, \ldots, W_L, b_1, \ldots, b_L$ であり、そのための損失関数はロジスティック回帰の場合と同様に交差エントロピー、

$$L(\theta) = -\frac{1}{N} \sum_{i=1}^{N} \log \mathrm{NN}_i(x)$$

を用いるのが一般的です。ここで $\mathrm{NN}_i(x)$ は $\mathrm{NN}(x)$ の i 番目の成分とします。

　線形変換の数 L を増やせば増やすほど、そして各行き先の次元 $d_1, \ldots, d_L$ を増やせば増やすほど仮説空間が大きくなるため、NN はより多くのそして複雑な確率分布を表現できるようになります。その一方で、損失関数はそれに伴い複雑な関数になり、最適解を見つけるのが困難になることに注意しておきましょう。

● 活性化関数

NN(x)のモデル定義に用いる活性化関数として、scikit-learnで利用可能なものとして、シグモイド関数の他、以下のものがあります（ 図3.8 ）。

●恒等関数

$\mathrm{id} : \mathbb{R} \to \mathbb{R}, x \mapsto x$

●双曲線正接関数

$\tanh : \mathbb{R} \to \mathbb{R}, x \mapsto \dfrac{e^x - e^{-x}}{e^x + e^{-x}}$

●Relu 関数

$\mathrm{Relu} : \mathbb{R} \to \mathbb{R}, x \mapsto \max(x, 0)$

ニューラルネットワークではこれらの関数$f : \mathbb{R} \to \mathbb{R}$を任意の次元$m > 0$に拡張、

$$\mathbb{R}^m \to \mathbb{R}^m, \begin{pmatrix} x_1 \\ x_2 \\ \vdots \\ x_m \end{pmatrix} \mapsto \begin{pmatrix} f(x_1) \\ f(x_2) \\ \vdots \\ f(x_m) \end{pmatrix}$$

したものを活性関数σとして用います。

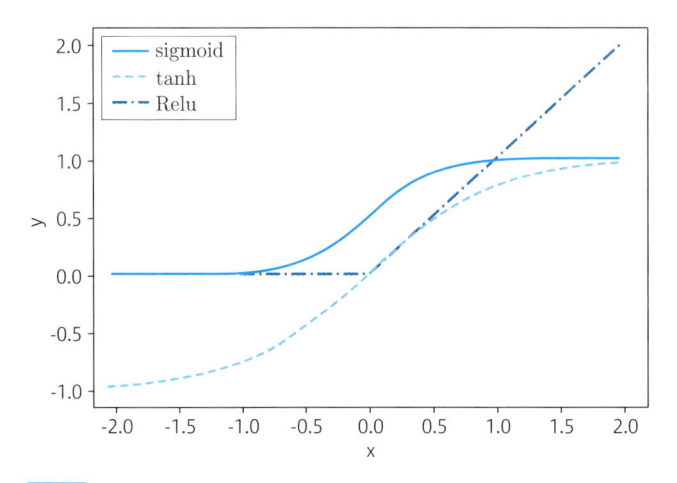

図3.8 $\mathrm{sigmoid}(x), \tanh(x), \mathrm{Relu}(x)$のグラフ

Adam

　scikit-learnにおけるニューラルネットワークの学習では、SGDの他にAdamと呼ばれる強力な最適化アルゴリズムを用いることができます。

- ●『ADAM: A METHOD FOR STOCHASTIC OPTIMIZATION』
  （Diederik P. Kingma, Jimmy Lei Ba, arXiv preprint arXiv:1412.6980, 2014）
  URL https://arxiv.org/pdf/1412.6980.pdf

　Adamでは、

1. 過去の勾配情報を適切に活用
2. 学習率をパラメータごと、ステップごとに適切に調整

することで最適解への収束を速めています。

　1.に関してはMomentum SGDと呼ばれるアルゴリズム、

$$m_0 = 0$$
$$m_{t+1} = \beta_t m_t - \alpha g_t$$
$$x_{t+1} = x_t + m_{t+1}$$

が最も基本的です。

- ●『On the Momentum Term in Gradient Descent Learning Algorithms』
  （Ning Qian、Neural networks 12.1 (1999): 145-151）
  URL http://www.columbia.edu/~nq6/publications/momentum.pdf

　ここでg_tはランダムに選んだサンプルによる勾配とします。SGDでは各点での（勾配計算に用いるサンプルを選ぶことによる）ランダム性に敏感でしたが、Momentum SGDでは過去の勾配情報を保存しておくことによりその影響を抑えることができます。

　2.に関してはAdagradと呼ばれるアルゴリズムが存在します。

- ●『Adaptive Subgradient Methods for Online Learning and Stochastic Optimization』
  （John Duchi、Elad Hazan, Yoram Singer, Journal of Machine Learning Research 12.Jul (2011): 2121-2159.）
  URL http://www.jmlr.org/papers/volume12/duchi11a/duchi11a.pdf

　Adagradでは過去の勾配の2乗の和を取り、その大きさを用いて学習率を動的に決定します。

$$v_{t+1} = v_t + g_t \odot g_t$$

$$x_{t+1} = x_t - \alpha \begin{pmatrix} \dfrac{1}{\sqrt{(v_{t+1})_1} + \epsilon} \\ \dfrac{1}{\sqrt{(v_{t+1})_2} + \epsilon} \\ \vdots \\ \dfrac{1}{\sqrt{(v_{t+1})_n} + \epsilon} \end{pmatrix} \odot g_t$$

ここで$\odot$はベクトルの成分同士の掛け算を表し、$\epsilon > 0$は分母がゼロになることを防ぐための定数です。

頻繁に更新され、かつ大きな勾配を持つパラメータは徐々に更新されにくくなり、逆に更新されてこなかったパラメータ程更新されやすいように学習率が設定されていくことがわかります。Adamではパラメータ$0 \leq \beta_1, \beta_2 < 1$を用意して、以下のように更新していきます。

$$m_{t+1} = \beta_1 m_t + (1 - \beta_1) g_t$$

$$v_{t+1} = \beta_2 v_t + (1 - \beta_2) g_t \odot g_t$$

$$\alpha_t = \alpha \frac{\sqrt{1 - \beta_2^t}}{1 - \beta_1^t}$$

$$x_{t+1} = x_t - \alpha_t \begin{pmatrix} \dfrac{1}{\sqrt{(v_{t+1})_1} + \epsilon} \\ \dfrac{1}{\sqrt{(v_{t+1})_2} + \epsilon} \\ \vdots \\ \dfrac{1}{\sqrt{(v_{t+1})_n} + \epsilon} \end{pmatrix} \odot m_t$$

β_1, β_2は過去の勾配情報をどの程度のレートで「忘れる」かを表すものであり、これによりAdagradの欠点であった勾配の単調減少性などを解消することができます。

scikit-learn における実装

scikit-learn では、sklearn.neural_network.MLPClassifier クラスにより、SGD や Adam を用いて L^2 正則化を含めたニューラルネットワークの学習が可能です（**リスト3.22**）。とは言え、scikit-learn では最も基本的な多層ニューラルネットワークしか使用することができないため、より高度なモデルや最新の最適化アルゴリズム等を用いるためには Keras や TensorFlow などのライブラリを使用する必要があります。

- **Keras**
  URL https://keras.io/ja/

- **TensorFlow**
  URL https://www.tensorflow.org/

リスト3.22 sklearn.neural_network.MLPClassifier クラス[2]

In

```python
import numpy as np
from sklearn.neural_network import MLPClassifier

# Toyデータの作成
X = np.random.normal(0, 1, (100, 10))
y = np.random.randint(0, 2, (100,))

# 線形変換が3回でtanhを活性化関数としたニューラルネットワークをSGDに➡
より最適化を行うためのインスタンス
MLP_SGD = MLPClassifier(hidden_layer_sizes=[5, 3], ➡
activation='tanh', solver='sgd', max_iter=1000)

# 線形変換が5回でsigmoidを活性化関数としたニューラルネットワークを➡
Adamにより最適化を行うためのインスタンス
MLP_Adam = MLPClassifier(hidden_layer_sizes=[5, 3, 2], ➡
activation='logistic', solver='adam', max_iter=500)


# 学習
MLP_SGD.fit(X, y)
MLP_Adam.fit(X, y)
```

※2　乱数を利用しているため、出力結果は誌面と異なる場合があります。

```
# 予測値の出力
X_test = np.random.normal(0, 1, (10, 10))
print("MLP_SGD: ", MLP_SGD.predict(X_test))
print("MLP_Adam: ", MLP_Adam.predict(X_test))
```

Out

```
MLP_SGD:  [1 0 0 0 0 1 0 1 1 0]
MLP_Adam:  [0 0 0 0 0 0 0 0 0 0]
```

3.3.4 勾配ブースティング決定木

勾配ブースティング決定木（GBDT：Gradient Boosting Decision Tree）は、近年最も人気のある教師あり学習モデルの1つです。その背景にあるブースティングと呼ばれる学習法は20世紀後半に提案されたものの中で最も強力であるとさえいわれています。

ブースティングにより得られるモデルは、複数の学習モデルを線形に組み合わせるという意味でバギングやアンサンブルと呼ばれる手法と密接な関係があります。

勾配ブースティング決定木はその歴史が長く、多くの研究結果の上に成り立っているため「どうしてこのようなモデルを用いるのか」という問いに対する答えは複雑です。そのような背景や、その他機械学習のアルゴリズムを含めた網羅的解説がなされている名著として以下の書籍が世界的に知られており、一読をおすすめします。

- 『The Elements of Statistical Learning Data Mining, Inference, and Prediction, Second Edition』（Trevor Hastie、Robert Tibshirani、Jerome Friedmani, New York: Springer series in statistics, 2001）
  URL https://web.stanford.edu/~hastie/Papers/ESLII.pdf

● 加法的モデルとブースティング

ブースティングでは複数の「弱分類器」と呼ばれるモデル $F^1, \ldots, F^M : \mathbb{R}^n \to \mathbb{R}^k$ を作成して、

$$F(x) = \sum_{m=1}^{M} \beta_m F_{\theta_m}^m (x)$$

のように、線形和を取ったモデルを最終的なアルゴリズムの出力として用います。

ここでθ_mは弱分類器F^mのモデルパラメータ、$\beta_m \in \mathbb{R}$はそのF^mの最終的な寄与を表すパラメータです。このような形で表されるモデルを加法的モデルと呼びます。

加法的モデルの学習には、

$$\underset{\{\beta_m, \theta_m\}_{m=1}^{M}}{\mathrm{argmin}} \sum_{i=1}^{N} \left(L \left(\sum_{m=1}^{M} \beta_m F_{\theta_m}^m, x_i, y_i \right) \right) \quad \cdots (\star)$$

の形の最適化問題を解くことになります。しかし、Mが大きければ大きいほど計算量が大きく、また$F_1, \ldots, F_M$に対して異なるモデルを組み合わせる等を行うと、途端に最適化が困難となります。

一方で、個々のモデルを学習するための「部分的」な最適化問題、

$$\underset{\beta_m, \theta_m}{\mathrm{argmin}} \sum_{i=1}^{N} L \left(\beta_m F_{\theta_m}^m, x_i, y_i \right) \quad \cdots (*)$$

が簡単に解ける場合は、最適化問題$(\star)$を近似的に解決する手法があり、例えば前向き段階的ブースティングはそのような近似手法の1つです。

前向き段階的加法的モデリングでは、以下のようにして最適化問題$(\star)$を近似的に解きます。

前向き段階的ブースティング

(1) $f_0(x) := 0$とおきます。

(2) $m = 1, \ldots, M$に対して以下の（a），（b）を繰り返します。

(a) 最適化問題、$\beta_m, \theta_m = \underset{\beta, \theta}{\mathrm{argmin}} \sum_{i=1}^{N} L \left(\beta F_{\theta}^m + f_{m-1}, x_i, y_i \right)$を解きます。

(b) $f_m = f_{m-1} + \beta_m F_{\theta_m}^m$と定義します。

F_1 から順番に過去に学習したモデルのパラメータを固定しながら学習を行うため、前向き段階的ブースティングにより得られるモデルは、最適化問題(⋆)の解になるとは限りませんが、ステップ（a）が高速に実行できる場合は非常に実用的であるといえます。

前向き段階的ブースティングのように逐次的にモデルを学習していき、各ステップの際に前回までの学習の結果を用いることで最終的な加法的モデルを得ることを、ブースティングと呼びます（ **図 3.9** ）。

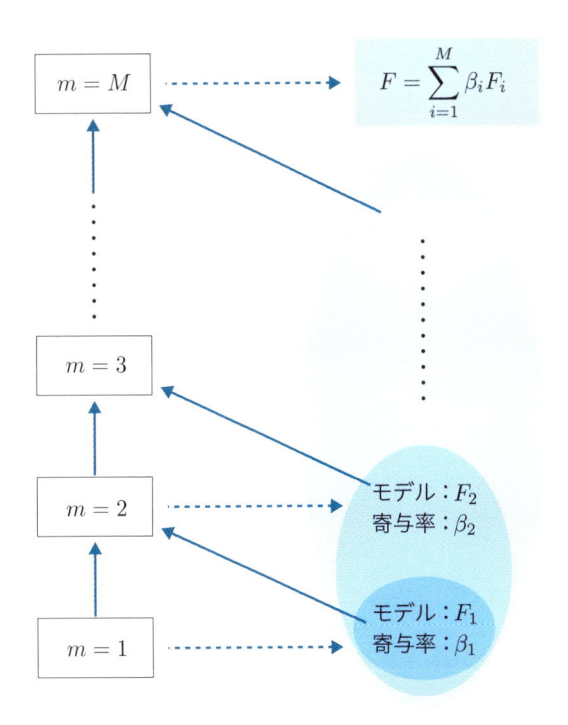

$$F = \sum_{i=1}^{M} \beta_i F_i$$

モデル：F_2
寄与率：β_2

モデル：F_1
寄与率：β_1

図 3.9 ブースティングの概念図

● 決定木モデル

勾配ブースティング決定木は、$F_1, \ldots, F_M$ に決定木モデルを用いる加法的モデルの一種です。決定木に関しては、すでに多くの書籍で解説がなされているため、ここでは簡単に紹介しておきます。

決定木モデル（ **図 3.10** ）では、まず入力変数の空間 $\mathbb{R}^n$ を J 個の互いに素な「長方形」領域 $R_1, \ldots, R_J$ に分割します。すなわち、

$$\bigcup_j R_j = \mathbb{R}^n$$

$$R_j \cap R_k = \phi, \quad \text{if} \quad j \neq k$$

となるように「長方形」$R_1, \ldots, R_J \subset \mathbb{R}^n$ を定めます。そして各 R_j に対して、出力値 $\gamma_j \in \mathbb{R}^k$ を対応させ、最終的なモデル $F(x)$ を、

$$F(x) := \sum_{j=1}^{J} \gamma_j \, I(x \in R_j) \in \mathbb{R}^k$$

として定めます。ここで $I(x \in R_j)$ は、$x \in R_j$ ならば1、そうでなければ0を取る関数です。決定木モデルを決定するパラメータは、$\Theta = (R_1, \ldots, R_J, \gamma_1, \ldots, \gamma_J)$ と J となりますが、J についてはここでは議論から外します。

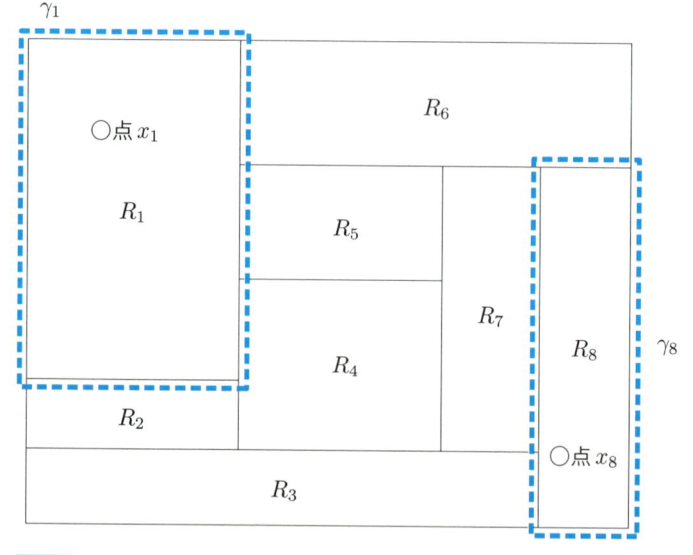

図3.10 決定木モデルの概念図。図のような決定木モデルの場合、点 x_1 に対するモデルの出力値は γ_1、x_8 に対する値は γ_8 となる

分類問題に対しては最終的な出力が確率分布になるように F にソフトマックス関数を合成します。すなわち、最終的な $S = \{1, \ldots, K\}$ 上の確率分布 p_F を、

$$p_F(Y = k \mid X = x) = \frac{e^{F_k(x)}}{\sum_{i=1}^{K} e^{F_i(x)}}$$

として定めます。この場合、損失関数として負の対数尤度関数、

$$L(F, x, y) = -\log p_F(Y = y \mid X = x)$$
$$= -F_y(x) + \log\left(\sum_{i=1}^{K} e^{F_i(x)}\right)$$

を用いるのが自然ですが、P.158の最適化問題$(\star)$をΘに関して解くことはそのモデルの性質上難しいことが知られています。それにより前向き段階的ブースティングを決定木モデルを用いることが困難となります。

　より一般に、任意の損失関数に対して決定木モデルを用いたブースティングを行うための手法が、勾配ブースティング決定木です。

◉ 勾配ブースティング

　勾配ブースティング決定木の詳細に入る前に、もう一度問題を整理します。本来の我々の目的は、関数$F : \mathbb{R}^n \to \mathbb{R}^k$に関する損失関数、

$$L(F) = \sum_{i=1}^{N} L(F, x_i, y_i) \quad \cdots (**)$$

の最小化です。ここで最適化すべき"パラメータ"は各入力変数$x_1, \ldots, x_N$における関数の値、

$$\left(F(x_1), \ldots, F(x_N)\right) \in \mathbb{R}^N$$

です。

　このパラメータに関して最小化問題$(**)$を例にならって勾配降下法で解くことを考えてみましょう。初期値の関数F_0からスタートし、勾配$g_1, g_2, \ldots, g_J$とその学習率$\beta_1, \ldots, \beta_J$を用いたJ回の更新ステップを経て、最終的な「パラメータ」、

$$F^*(x_i) = F_0(x_i) - \beta_1 g_{1,i} - \beta_2 g_{2,i} - \cdots - \beta_N g_{N,i} \in \mathbb{R}$$

を得ます。ここで$g_{m,i}$はm番目のステップの勾配のx_iに関する成分です。

　実用上、最終的に得られるものは、点$x_1, \ldots, x_N$以外の任意の点で値を持つ関数$F^* : \mathbb{R}^n \to \mathbb{R}^k$である必要があります。そのため各ステップでは各点$x_i$における値が$g_{i,m}$となる適切な関数$F_m$、

$$F_m(x_1) = g_{1,m}, \quad F_m(x_2) = g_{2,m}, \cdots, F_m(x_N) = g_{N,m} \quad \cdots (\Diamond)$$

を見つける必要があり、それにより関数としての最終的なモデル、

$$F^* = F_0 - \beta_1 F_1 - \beta_2 F_2 - \cdots - \beta_J F_J \quad : \mathbb{R}^n \to \mathbb{R}^k$$

を得ることができます。このような意味でここで考える最適化問題とその解法は、前向き段階的ブースティングとよく似ていることがわかります。

H_m を m 回の更新までで得られる関数 $H_m(x) = F_0(x) - \beta_1 F_1(x) \cdots - \beta_m F_m(x)$ として、各 m 番目のステップにおいて、前ページの (**) 式のパラメータ $F(x_i)$ に関する微分は具体的に、

$$g_{i,m} = \left[\frac{\partial L(F, x_i, y_i)}{\partial F(x_i)}\right]_{F(x_i) = H_m(x_i)} \in \mathbb{R}$$

により計算することができます。

関数 F が決定木モデルに限定される場合に、勾配ブースティングを実行するにはどうすればよいでしょうか。m 回目の更新でやるべきことは、($\Diamond$) 式を満たすような決定木モデル F_m を構築することですが、($\Diamond$) 式は訓練データのサンプルにおいてしか定義されていないため汎化性能が心配です。そこで勾配を近似するような決定木を構築することにします。より具体的には、勾配 $g_{m,i}$ との2乗誤差、

$$\sum_{i=1}^{N} \|g_{m,i} - F_m(x_i)\|^2$$

が最小となるような決定木は高速なアルゴリズムにより見つけられることが知られており (参考:『The Elements of Statistical Learning Data Mining, Inference, and Prediction, Second Edition』)、それにより得られる決定木モデルを F_m として採用します。

以上のプロセスにより最終的な加法的モデル $F^* := F_0 - \sum_{m=1}^{J} \beta_m F_m$ を得るアルゴリズムを勾配ブースティング決定木と呼びます。

● scikit-learn における実装

勾配ブースティング決定木による分類器は `sklearn.ensemble.GradientBoostingClassifier` クラスで実装されています (リスト3.23)。このクラスにはモデルの性能に効く多くのパラメータがあります。しかしここで

解説した理論的土台があれば、読者自らその先の理論を勉強し、チューニングに役立つ知見を獲得することができると筆者は考えます。

リスト3.23 勾配ブースティング決定木による分類器[3]

In

```
import numpy as np
from sklearn.ensemble import GradientBoostingClassifier

# Toyデータの作成
X = np.random.normal(0,1,(100,10))
y = np.random.randint(0,2, (100,))

# M=1000個の決定木による勾配ブースティング決定木のモデルインスタンスの作成
GBDT = GradientBoostingClassifier(n_estimators=1000)

# 学習
GBDT.fit(X, y)

# 予測値の出力
X_test = np.random.normal(0,1,(10,10))
print("GBDT: ", GBDT.predict(X_test))
```

Out

```
GBDT:  [0 1 0 1 0 1 0 0 1 1]
```

※3　乱数を利用しているため、出力結果は誌面と異なる場合があります。

3.4 教師なし学習

> ここでは、教師なし学習の基本的なアルゴリズムについて、理論および実装方法を学んでいきます。

　教師なし学習では、教師あり学習のように出力やラベルと呼ばれるデータは与えられていません。故にアルゴリズムの評価指標が明確に定まっているわけではなく、その結果の解釈や応用方法で分析者の力量が試されるといっても過言ではなく、アルゴリズムの理論的背景や仕組みをしっかりと理解することが大切です。

　3.2節の機械学習の基礎についての解説で述べたように、教師なし学習では、データ $D = \{X_1, \ldots X_n\}$ の各確率変数 X_i が従う同一の分布 $p(X)$ を様々な視点から分析していきます。代表的な教師なし学習の目的として、クラスタリングや次元削減があります。

　クラスタリングでは、各サンプル x_i に対して $\{1, \ldots, k\}$ などの離散的なラベル z_i を1つ与えグループ化（クラスタを生成）を行います。もちろん、教師なし学習ですので、各クラスタそれぞれに対して人間が理解可能なラベルが与えられているわけではありません。ですのでクラスタリングされた結果を解釈する作業も分析者に求められます。例えばクラスタリングの応用例として、

- Webアプリケーションにおけるユーザのログデータをクラスタリングし、各クラスタの行動を観察し分析を行う。その結果を用いて各クラスタにあった施策を打ち出す
- 元のデータ x_i を入力とした教師あり学習問題を解くために、その新たな特徴量としてクラスタリング結果 z_i を使用する

などがあります。

　一方次元削減では、文字通りサンプル $x_i \in \mathbb{R}^n$ の次元を落とし、より小さな次元の $x' \in \mathbb{R}^m (m < n)$ にできるだけ「情報」を保ちながら対応させることを目指します。次元削減の応用として例えば、

- 人間は3次元以上のデータを"目で見る"ことが不可能なので$m < 4$となるように次元削減をしデータの可視化を行う
- x_iの代わりにx_i'を入力として教師あり学習を行い計算量を削減する

などがあります。クラスタリングや次元削減の他にも、サンプルの生成が技術的に可能なモデル（生成モデル）により、$p(X)$を直接推定して、人工的なサンプルを生成することを目的とする場合などがあります。

以降ではscikit-learnに実装されている基本的なアルゴリズムについて、理論および実装について学んでいきます。

3.4.1 混合ガウスモデル

ここでは混合ガウスモデルを用いた教師なし学習の理論と実装について学んでいきます。

混合ガウス分布（Gaussian Mixture Model）

本題に入る前に少し数学的な準備をします。Sに値を取るk個の確率密度関数（または質量関数）$f_1(x), \ldots, f_k(x)$の混合分布とは、確率密度関数（または質量関数）がこれらの線形和、つまり、

$$f_X(x) = \sum_{i=1}^{k} \pi_i f_i(x)$$

のような形で表される確率分布$p(X)$のことです。ここでπ_iは$\pi_i \geq 0$かつ、$\sum_{i=1}^{k} \pi_i = 1$のような条件を満たす重みの役割を果たす定数で、混合係数といいます。各$f_i(x)$に対応する確率変数をX_iとおけば、

$$p(X) = \sum_{i=1}^{k} \pi_i p(X_i)$$

のように表される分布です。実際に、この$p(X)$が確率分布としての性質を持つことは、

$$p(X \in S) = \sum_{i=1}^{k} \pi_i p(X_i \in S) = \sum_{i=1}^{k} \pi_i \cdot 1 = 1$$

のようにして確かめることができます。

最も重要な混合分布の例として混合ガウスモデル（GMM：Gaussian Mixture Model）があります。GMMとは各$p_i(X_i)$が正規分布に従う場合の混合分布で、密度関数が次のような形で与えられる確率分布です。

$$\mathrm{GMM}_\theta(x) := \sum_{i=1}^{k} \pi_i \mathcal{N}(x; \mu_i, \Sigma_i)$$

GMMはその定義から、k個の平均ベクトル$\{\mu_i\}_{i=1}^{k}$と共分散行列$\{\Sigma_i\}_{i=1}^{k}$、そして混合係数$\pi = (\pi_1, \ldots, \pi_k)$をパラメータに持ちます。以下ではそれらをまとめて$\theta = (\{\mu_i\}_{i=1}^{k}, \{\Sigma_i\}_{i=1}^{k}, \pi)$と表記します。

図3.11 に示すのは2次元のGMMの密度関数のグラフです。kの数だけピークが存在して、ピークの位置はそれぞれ混合されたガウス分布の平均値となっていることがわかります。

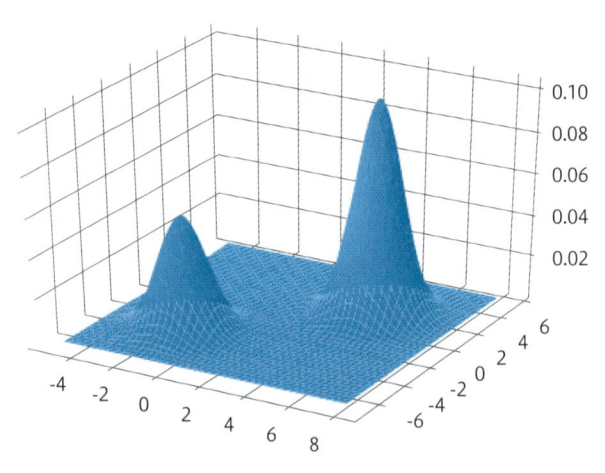

図3.11 平均ベクトルが$(-1.5, -3.5), (4.5, 1.5)$かつ共分散行列が単位行列である2つのガウス分布を、混合係数0.35（左側のガウス分布）と0.65（右側のガウス分布）で混合したGMMの密度関数のグラフ。混合係数が大きいほど、元となる分布の密度が強調されているのがわかる

● GMMによるモデリングとクラスタリング

以下、手元のデータ$D = \{x_1, \ldots, x_N\} \subset \mathbb{R}^n$が従う確率分布を混合数$k$のGMMを使ってモデリングしてみましょう。この場合、データの各サンプルが従う真の

確率分布が、

$$p_\theta(X = x) = \text{GMM}_\theta(x)$$

のように与えられていると仮定します。その上でデータを最も上手く説明するモデルパラメータ、ここでは対数尤度関数、

$$L(\theta) = \sum_{x \in D} \log p_\theta(X = x)$$

を最大化するようなθを推定（最尤推定）していきます。ただし、この推定方法については、後ろの項で説明しますので後回しにしておき、このモデリングによりデータDに対して、どのような示唆が得られるかを先に見ていきます。

　$p_\theta(X)$のサンプルxはどのような過程を経て生成されるか考えてみましょう。
　以下の2つのステップでサンプルが生成される確率変数はXと一致します。つまり以下の手順に従えば、$p_\theta(X)$からサンプルを生成したことになりますが、一旦その変数をXとは区別してその確率変数をYとおきます。

STEP 1
　$p_\theta(X)$は、k個のガウス分布の混合係数による重み付けられた和で表されること考え、1からkの中から混合係数による重みπ_iを考慮してランダムに選びます。それは、混合係数$\pi = (\pi_1, \ldots, \pi_k)$をパラメータとするカテゴリカル分布$\text{Cat}_\pi$に従う確率変数$Z \sim \text{Cat}_\pi$からサンプリングを行うことに相当します。言い換えれば、$i \in \{1, \ldots, k\}$が出る確率がπ_iである確率変数Z、

$$\text{Cat}_\pi(Z = z) = \pi_i$$

からのサンプルを取ることです。

STEP 2
　Zのサンプルとして得られたz番目のガウス分布$\mathcal{N}(x; \mu_z, \Sigma_z)$からサンプリングすることで、最終的なサンプル$x$を得ます。このことは、$Z$が$z$という値を取るという条件のもとで確率変数$Y$が$z$番目のガウス分布に従う、つまり$p(Y = x \mid Z = z) = \mathcal{N}(x; \mu_z, \Sigma_z)$とするのと同じです。

　このようにしてサンプリングされる確率変数Yの確率分布$p(Y)$と$p_\theta(X)$が一

致することは、次のように確かめられます。

$$p(Y = x) = \sum_{z=1}^{k} p(Y = x \mid Z = z)p(Z = z)$$

$$= \sum_{z=1}^{k} \mathcal{N}(x; \mu_z, \Sigma_z) \times \mathrm{Cat}_\pi(Z = z)$$

$$= \sum_{z=1}^{k} \mathcal{N}(x; \mu_z, \Sigma_z) \times \pi_z$$

$$= \mathrm{GMM}_\theta(x)$$

$$= p_\theta(X = x)$$

従って、上記の2つのステップで$p_\theta(X)$に従う確率変数Xのサンプルが生成されることがわかりました。手元のデータ$D = \{x_1, \ldots, x_n\}$が、GMM $p_\theta(X)$により生成されたという仮定のもと、以上のことを用いてクラスタリングを行うことができます。サンプルの生成過程を考えればxは必ず$z \in \{1, \ldots, k\}$に対応するガウス分布$\mathcal{N}(x; \mu_z, \Sigma_z)$を通して生成されるため、$x \to z$という対応によりクラスタリングを行うことができます。

しかし実際手元にあるデータはxのみでzは存在しない（観測されない）ので、zを推定する必要があります。xが$z \in \{1, \ldots, k\}$から生成される確率$p(Z = z \mid X = x)$は、ベイズの定理を用いて、

$$p(Z = z \mid X = x) = f_{Z \mid X=x}(z) = \frac{f_{X \mid Z=z}(x)\, f_Z(z)}{f_X(x)}$$

$$= \frac{\pi_z \mathcal{N}(x; \mu_z, \Sigma_z)}{\mathrm{GMM}_\theta(x)}$$

$$= \frac{\pi_z \mathcal{N}(x; \mu_z, \Sigma_z)}{\sum_{i=1}^{k} \pi_i \mathcal{N}(x; \mu_i, \Sigma_i)} \quad \cdots (\star)$$

と計算できます。分母はzに依らないので無視できることから、分子が一番大きいz_xをxの属するクラスとして採用します。

$$z_x = \operatorname*{argmax}_{z \in \{1, \ldots k\}} \pi_z \mathcal{N}(x; \mu_z, \Sigma_z) \quad \cdots (\star\star)$$

一般に、この場合のxのような観測される変数に対して、z_xのような観測されない変数を隠れ変数と呼びます。

図3.12 に示すのは、$0.3\mathcal{N}(x; -1, 1) + 0.7\mathcal{N}(x; 1, 1)$で与えられるGMMで混合

されているそれぞれのガウス分布を、混合係数で重みづけた値のグラフです。このGMMを用いて2つのクラスタ$\{1, 2\}$へクラスタリングを行うとすると、実数xの所属するクラスタは$0.3\mathcal{N}(x; -1, 1) < 0.7\mathcal{N}(x; -1, 1)$またはその逆であるかで異なります。

　以上をまとめると、GMMを用いたクラスタリングアルゴリズムは以下のようになります。

●GMMを用いたクラスタリングアルゴリズム

1. 対数尤度$L(\theta) = \sum_{x \in D} \log p_\theta(X = x)$を$\theta$に関して最大化して、パラメータ$\theta_0$を得る
2. 各$x \in D$に対して、前ページの$(\star)$式を$z \in \{1, \ldots, k\}$に対して計算する
3. 2.の結果を用いて各xに対して前ページの$(\star\star)$式の結果をxのクラスタとして割り当てる

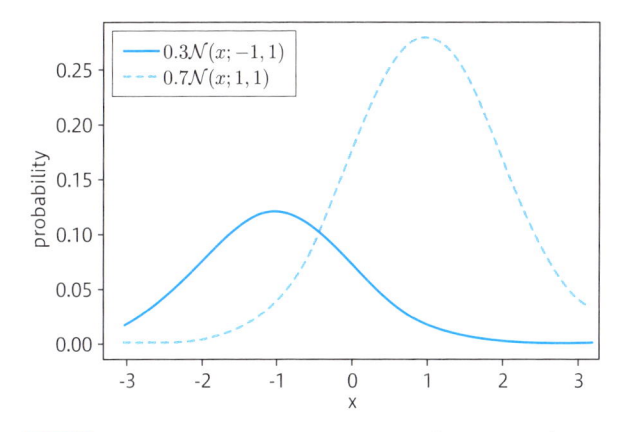

図3.12 混合係数により重み付けられた2つのガウス分布のグラフ。点xの所属するクラスタはその点における各グラフの値が大きいほうとなる

◉ EMアルゴリズム

　GMMによるクラスタリングを行うためには、対数尤度関数$L(\theta) = \sum_{x \in D} \log p_\theta(X = x)$を最大化するような$\theta$を推定しなければなりません。ここではGMMに限らず、より一般的なモデルに対するパラメータの推定手法である**EMアルゴリズム**について紹介します。

　観測可能な確率変数Xと観測不可能な離散的集合Cに値を取る確率変数Z

（上記の例の場合クラスタを決める確率変数）と、その2つの同時確率分布を決めるモデル $p_\theta(X, Z)$（上記の例の場合GMM）が与えられたときに、観測可能なデータに対する尤度関数 $L(\theta) = \sum_{x \in D} \log p_\theta(X = x)$ を最適化して、パラメータ θ を推定する手法です。

　データ $D = \{x_1, \ldots, x_N\}$ と各 x_i に対する隠れ変数が従う確率変数を Z_i とします。ここでの目的は、θ に関する最尤推定ですが、一般に隠れ変数 z を隠蔽したまま、$L(\theta)$ を最適化するのは困難です。そこで隠れ変数に関する周辺化を用いて $L(\theta)$ を以下のように式変形します。

$$
\begin{aligned}
L(\theta) &= \sum_i \log p_\theta(X = x_i) \\
&= \sum_i \log \sum_{z \in C} p_\theta(X = x_i, Z_i = z) \\
&= \sum_i \log \sum_{z \in C} q_i(z) \frac{p_\theta(X = x_i, Z = z)}{q_i(z)} \\
&= \sum_i \log \mathbb{E}_{z \sim q_i} \left[\frac{p_\theta(X = x_i, Z = z)}{q_i(z)} \right] \\
&\geq \sum_i \mathbb{E}_{z \sim q_i} \left[\log \frac{p_\theta(X = x_i, Z = z)}{q_i(z)} \right] \quad \cdots (*)
\end{aligned}
$$

ここで q_i は C 上の離散的な確率分布で勝手なものを取ってきています。各行を説明すると1行目は対数尤度関数の定義、2行目は Z_i に関する周辺化、3行目は単純に $3 = \frac{100*3}{100}$ と同じような式変形で、4行目は離散確率変数に関する期待値の定義を用いました。一番最後の不等式はイェンセンの不等式より示されます。

　q_i は勝手なものを取ってきたといいましたが、イェンセンの不等式の等号が成り立つように「恣意的に」取ることもできます。$q_i(z)$ として $(*)$ 式と同じタイプの確率分布、つまり $q_i(z) = p_\theta(Z = z \mid X = x_i)$ とおけば期待値の中身は、

$$
\frac{p(X = x_i, Z = z)}{q_i(z)} = \frac{p_\theta(X = x_i, Z = z)}{p_\theta(Z = z \mid X = x_i)} = \frac{p_\theta(Z = z \mid X = x_i)p_\theta(x)}{p_\theta(Z = z \mid X = x_i)} = p_\theta(x)
$$

となり、右辺は Z の値によらないので結果としてイェンセンの不等式の性質から等号が成り立ちます。

　$q_i(z) = p_\theta(Z = z \mid X = x_i)$ とした条件のもとでは等号が成り立っているので、$(*)$ 式を最大化することで、結果として $L(\theta)$ がより大きな値を取る θ' を得ることができます。実際、

$$L(\theta') = \sum_i \mathbb{E}_{z \sim p_\theta(Z=z|X=x_i)} \left[\log \frac{p_{\theta'}(X=x_i, Z=z)}{q_i(z)} \right]$$

$$\geq \sum_i \mathbb{E}_{z \sim p_\theta(Z=z|X=x_i)} \left[\log \frac{p_\theta(X=x_i, Z=z)}{q_i(z)} \right]$$

$$= L(\theta)$$

であることがわかります。ここで1、2行目は、θ'が前ページの(*)式を最大化した結果のパラメータであるという事実より従います。このように(*)式を最適化する段階を、EMアルゴリズムの**Mステップ**と呼びます。

一方で、$L(\theta') \geq L(\theta)$という事実は、$\theta'$よりも良いパラメータが存在する可能性を潰すことはできません。そこで続けて$q_i(z)$をθ'を用いた分布、

$$q_i(z) = p_{\theta'}(Z=z \mid X=x_i)$$

に置き換えることで、前ページの(*)式を更新します。この段階をEMアルゴリズムの**Eステップ**と呼びます。この$\theta \to \theta'$の置き換えにより、

$$L(\theta') = \sum_i \mathbb{E}_{z \sim q_i} \left[\log \frac{p_\theta(X=x_i, Z=z)}{q_i(z)} \right] \quad \cdots (**)$$

と計算することができ、上記の(**)式に対してEステップを行うことでさらに良いパラメータθ''、

$$L(\theta'') \geq L(\theta') \geq L(\theta)$$

を得ることができます。以下同様にEステップとMステップを繰り返していくことで、$L(\theta)$を最適化することができ、この逐次最適化アルゴリズムを**EMアルゴリズム**と呼びます。

EMアルゴリズム

θを適当な値で初期化し、以下を収束するまで繰り返します。

● 1. Eステップ

すべての$x_i \in D$に対して、

$$q_i(z) = p_\theta(Z=z \mid X=x_i)$$

とします。

● **2. Mステップ**

$$\theta = \underset{\theta}{\operatorname{argmax}} \sum_i \mathbb{E}_{z \sim q_i} \left[\log \frac{p_\theta(X = x_i, Z = z)}{q_i(z)} \right] \quad \cdots (***)$$

とおきます。

● EMアルゴリズムを用いた混合ガウス分布のパラメータ推定

先に紹介したEMアルゴリズムは抽象的な設定のもとで導出されました。それをGMMの場合についてより具体的に説明します。

Eステップ

Eステップの計算は実はすでに一度行った($\star$)式そのものです。つまり、

$$q_i(z) = p_\theta(Z = z \mid X = x_i) = \frac{\pi_z \mathcal{N}(x; \boldsymbol{\mu}_z, \Sigma_z)}{\sum_{i=1}^k \pi_i \mathcal{N}(x; \boldsymbol{\mu}_i, \Sigma_i)}$$

です。

Mステップ

Mステップの($***$)式の期待値の中身を具体的に計算すると、

$$
\begin{aligned}
&\log \frac{p_\theta(X = x_i, Z = z)}{q_i(z)} \\
&= \log \frac{p_\theta(X = x_i \mid Z = z)p(Z = z)}{q_i(z)} \\
&= \log p_\theta(X = x_i \mid Z = z) + \log p(Z = z) - \log q_i(z) \\
&= \log \frac{1}{\sqrt{(2\pi)^n \det(\Sigma_z)}} \exp\left(-\frac{1}{2}\left\langle x_i - \mu_z, \Sigma^{-1}(x_i - \mu_z)\right\rangle\right) \\
&\quad + \log \pi_z - \log q_i(z) \\
&= -\frac{1}{2}\left\langle x_i - \mu_z, \Sigma^{-1}(x_i - \mu_z)\right\rangle - \log\sqrt{(2\pi)^n \det(\Sigma_z)} \\
&\quad + \log \pi_z - \log q_i(z)
\end{aligned}
$$

となり、従って argmax の中身は、

$$\sum_i \mathbb{E}_{z \sim q_i}\left[\log \frac{p_\theta(X = x_i, Z = z)}{q_i(z)}\right]$$

$$= \sum_{i=1}^{N} \sum_{z=1}^{k} q_i(z)\left(-\frac{1}{2}\left\langle x_i - \mu_z, \Sigma^{-1}(x_i - \mu_z)\right\rangle\right.$$

$$\left. -\log\sqrt{(2\pi)^n \det(\Sigma_z)} + \log \pi_z - \log q_i(z)\right)$$

となります。この式は各 μ_j, Σ_j に対して凸な関数になっており、その微分を取ることで最大値を取るパラメータを決めることができます。実際には次のようにパラメータが求められます。

$$\mu_j = \frac{\displaystyle\sum_{i=1}^{N} q_i(z = j)x_i}{\displaystyle\sum_{i=1}^{N} q_i(z = j)}$$

$$\Sigma_j = \frac{1}{\displaystyle\sum_{j=1}^{N} q_i(z = j)} \sum_{i=1}^{N} q_i(z = j)\left(x_i - \mu_z\right)\left(x_i - \mu_z\right)^T$$

一方でパラメータ π_j に関しては $\displaystyle\sum_{j=1}^{k} \pi_j = 1$ という制約条件があるため微分を取るだけでは上手くいきません。このような問題はラグランジュの未定乗数法というテクニックを用いることで解くことができ、

$$\pi_j = \frac{1}{N} \sum_{i=1}^{N} q_i(z = j)$$

と計算できます。

● scikit-learn による実験

GMMの理論的背景がわかったところで、実際にscikit-learnを用いて学習させてみましょう。

クラスタリング

まず、irisデータセットの最初の2つの次元の特徴量 X を使用してクラスタリングを行ってみましょう（ リスト3.24 ）。

リスト3.24 2つの次元の特徴量 X を使用してクラスタリング

In

```python
import matplotlib.pyplot as plt
import numpy as np
from sklearn import datasets

iris = datasets.load_iris()
X = iris.data[:, :2]  # 次元を絞る
print("shape of X =", X.shape)
```

Out

```
shape of X = (150, 2)
```

X の shape の出力結果を確認すると、(150, 2) であることから、サンプルの数が150で2次元の特徴量を持つことが確認できます。

次に sklearn.mixture.GaussianMixture クラスのインスタンスを作成します（ リスト3.25 ）。パラメータ n_components は混合数に対応しています。

リスト3.25 インスタンスを作成

In

```python
from sklearn import mixture
num_components = 3
gmm = mixture.GaussianMixture(n_components=num_components)
```

その後、mixture.GaussianMixture クラスの fit メソッドにデータを引数として学習させます（ リスト3.26 ）。fit メソッドの返り値は self つまりクラスインスタンスそのものです。

リスト3.26 fit メソッドにデータを引数として学習させる

In

```python
gmm.fit(X)
```

Out

```
GaussianMixture(covariance_type='full', init_params=➡
'kmeans', max_iter=100,
        means_init=None, n_components=3, n_init=1, ➡
precisions_init=None,
```

```
        random_state=None, reg_covar=1e-06, tol=0.001, ➡
verbose=0,
        verbose_interval=10, warm_start=False, ➡
weights_init=None)
```

　これにより学習済みのGMMが得られました。このモデルを用いてクラスタリングを行って可視化してみましょう（ **リスト3.27** ）。

　.predictメソッドを用いると、P.168の下のほうにある(★★)式に基づいた各サンプルの所属するクラスタを取得できます。

リスト3.27 クラスタリングの実行

In

```
z = gmm.predict(X)
print("shape of z =", z.shape)
print("z's values in ", np.unique(z))
```

Out

```
shape of z = (150,)
z's values in  [0 1 2]
```

　zを用いて実際にどのような点がどうクラスタリングされているか見てみましょう（ **リスト3.28** ）。ここで用いた X[z == i, :] は z=iであるサンプルの特徴量を取り出す操作に相当しています。また、クラスタの中心ベクトルはクラス変数means_に格納されているので、それも合わせて可視化してみます（ **図3.13** ）。

リスト3.28 可視化

In

```
# 可視化のためのコード
for i in range(num_components):
    X_i = X[z == i, :]
    plt.scatter(X_i[:, 0], X_i[:, 1], marker="${}$".➡
format(i+1), label="cluster={}".format(i+1), s= 60)

plt.scatter(gmm.means_[:, 0], gmm.means_[:, 1], ➡
marker='o', label="means vectors", s=100)
plt.show()
```

Out

図3.13 を参照

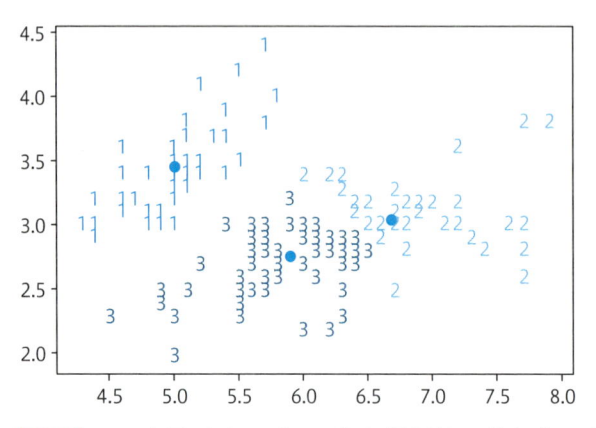

図3.13 GMMを用いたクラスタリングの可視化結果。数字がその座標に対応するサンプルが属するクラスタを表しており、また3つの丸い記号は平均ベクトルに対応している。基本的に近所のサンプルは同じクラスタに属することを確認できる

生成モデルとしてのGMM

先に説明したGMMのサンプルの生成過程は、実際にコンピュータ上で再現することができます。そのためGMMを生成モデルとして扱うことができます。

ここでは手書き数字のモデルであるdigitsデータセットに対して（リスト3.29）、GMMを学習させて、「人工的な手書き数字」を生成してみましょう。

リスト3.29 データセットの読み込みと画像の取り出し・ベクトル化

In

```
# digits データセットの読み込み
digits = datasets.load_digits()

# 画像部分の取り出し
raw_imgs = digits.images  # shape = (1797, 8, 8)

# 画像をベクトル化する
X = raw_imgs.reshape(len(raw_imgs), -1)
```

まず実際の手書き数字の画像を出力してみます（リスト3.30、図3.14）。

リスト3.30 手書き数字の画像を出力

In

```python
output_size = 10
img = []
for i in range(output_size):
    row = []
    for j in range(output_size):
        row.append(raw_imgs[i*5 + j, :,:])
    row = np.concatenate(row, axis=1)
    img.append(row)

img = np.concatenate(img, axis=0)
plt.imshow(img, cmap=plt.cm.gray)
plt.axis("off")
plt.show()
```

Out

#図3.14を参照

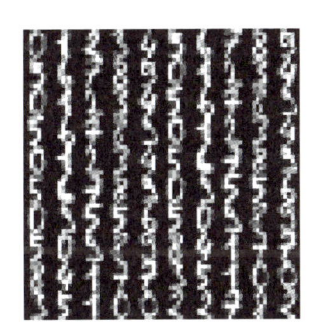

図3.14 実際の手書き数字の画像

次に学習させたモデルを使って人工的なサンプル画像を生成して、実際の手書き数字の画像と比べてみましょう。サンプルの生成にはsampleメソッドを使用します。

混合数を2, 30, 100としてそれぞれで画像を出力してみると、2の場合は画像として粗く手書き数字かどうかの判別が難しい一方で、100の場合は1つ1つのサンプルがどの数字を表してるか判別できるほどになっています（**リスト3.31**、**図3.15**）。

In

```
# GMMを学習させる
for k in [2,  30, 100]:
    gmm = mixture.GaussianMixture(n_components=k)
    gmm.fit(X)
    # 人工的なサンプルの生成
    # 返り値は(特徴量，各特徴量のラベル)の形のtupleなので最初の要素➡
を取り出す
    samples = gmm.sample(output_size**2)[0].➡
reshape((-1,8,8))

    img = []
    for i in range(output_size):
        row = []
        for j in range(output_size):
            row.append(samples[i*5 + j, :,:])
        row = np.concatenate(row, axis=1)
        img.append(row)

    img = np.concatenate(img, axis=0)
    plt.imshow(img, cmap=plt.cm.gray)
    plt.axis("off")
    plt.show()
```

Out

```
# 図3.15を参照
```

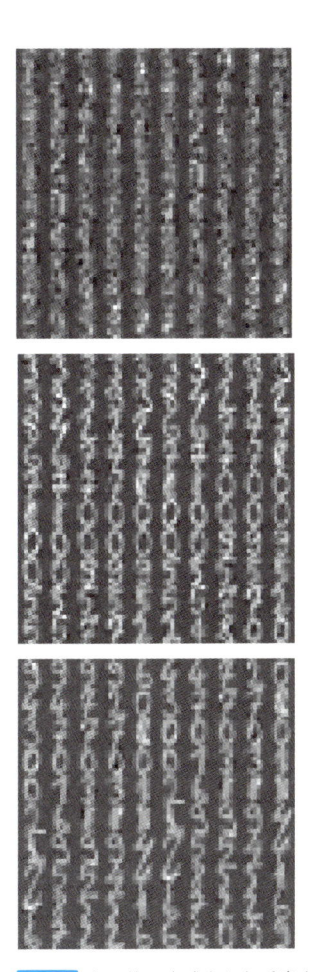

図3.15 人工的に生成された手書き数字のサンプル画像。上から混合数が $2, 30, 100$

　このように生成モデルを用いると、人工的にサンプルを生成することができ、様々な形で応用できます。例えば近年は深層学習の高度なアルゴリズムを駆使して複雑な生成モデルを生成し、芸術作品を自動的に生み出す研究などが活発に行われています。

- 『Generative Adversarial Nets』（Ian J. Goodfellow, Jean Pouget-Abadie, Mehdi Mirza, Bing Xu, David Warde-Farley, Sherjil Ozair, Aaron Courville, Yoshua Bengio, Advances in Neural Information Processing Systems, 2014）
  URL https://papers.nips.cc/paper/5423-generative-adversarial-nets.pdf

　ここでは最も基本的かつ重要な教師なし学習アルゴリズムである k-平均法について学んでいきます。k-平均法は、混合ガウス分布の EM アルゴリズムとクラスタリングに深い関わりを持っています。その関係性を明らかにしながら自然にk-平均法を導出した後、その実装を学んでいきます。

● k-平均法の導出

　混合ガウス分布の混合数を k とします。各ガウス分布の共分散行列 Σ_i が正の実数 $\beta > 0$ を用意して、

$$\Sigma_i = \beta I_n$$

として与えられ、混合係数が一様に $\pi_i = 1/k$ として定められているような制約条件の下、EM アルゴリズムを考えてみましょう。その定義から、

$$\Sigma_i^{-1} = \frac{1}{\beta} I_n$$

であるので、各ガウス分布の密度関数は、

$$\mathcal{N}(x; \mu_i, \Sigma_i) = C \exp\left(-\frac{1}{2}\left\langle x - \mu_i, \Sigma_i^{-1}(x - \mu_i)\right\rangle\right)$$
$$= C \exp\left(-\frac{1}{2\beta}\|x - \mu_i\|^2\right)$$

と表されます。

　ここで C は i によらない定数で、具体的には $C = 1/\sqrt{(2\pi)^n \det(\Sigma)} = 1/\sqrt{(2\pi\beta)^n}$ で与えられます。

　このとき、E ステップは、

$$q_x(z) = p_\theta(Z = z \mid X = x_i)$$
$$= \frac{\pi_z \mathcal{N}(x; \boldsymbol{\mu}_z, \Sigma_z)}{\sum_i \pi_i \mathcal{N}(x; \boldsymbol{\mu}_i, \Sigma_i)}$$
$$= \frac{\frac{1}{k} C \exp\left(-\frac{1}{2\beta}\|x - \mu_z\|^2\right)}{\sum_i \frac{1}{k} C \exp\left(-\frac{1}{2\beta}\|x - \mu_i\|^2\right)}$$

$$= \frac{\exp\left(-\frac{1}{2\beta}\|x - \mu_z\|^2\right)}{\sum_i \exp\left(-\frac{1}{2\beta}\|x - \mu_i\|^2\right)}$$

$$= \frac{1}{1 + \sum_{i \neq z} \exp\left(\frac{1}{2\beta}(\|x - \mu_z\|^2 - \|x - \mu_i\|^2)\right)} \cdots (*)$$

と計算されます。

$\|x - \mu_i\|$ が最小なクラスタ MEMO参照 、つまり平均ベクトルとの距離が最も近いクラスタを z_x としたとき、その定義から、

$$\|x - \mu_{z_x}\|^2 - \|x - \mu_i\|^2 < 0 \quad (z = z_x, i \neq z)$$
$$\|x - \mu_z\|^2 - \|x - \mu_{z_x}\|^2 > 0 \quad (z \neq z_x)$$

が成立します。

 MEMO

最小なクラスタ

最小なクラスタは複数存在するかもしれませんが、以降の議論はそのような場合に一般化することができます。とは言えそのような確率はほとんどゼロに等しいので無視しても問題ないでしょう。

従って上記の $(*)$ 式の分母の指数関数の中身は、$z = z_x$ であれば常に負の値を、そうでなければ $i = z_x$ の項で正の値を取るので、

$$\lim_{\beta \to 0} \sum_{i \neq z_x} \exp\left(\frac{1}{2\beta}(\|x - \mu_{z_x}\|^2 - \|x - \mu_i\|^2)\right) = 0 \quad (z = z_x)$$

$$\lim_{\beta \to 0} \sum_{i \neq z} \exp\left(\frac{1}{2\beta}(\|x - \mu_z\|^2 - \|x - \mu_i\|^2)\right)$$

$$> \lim_{\beta \to 0} \exp\left(\frac{1}{2\beta}(\|x - \mu_z\|^2 - \|x - \mu_{z_x}\|^2)\right) = \infty \quad (z \neq z_x)$$

が成立します。それらの性質から、$\beta \to 0$ という極限を取ったときにEステップは、

$$q_x(z) = \cfrac{1}{1 + \displaystyle\sum_{i \neq z} \exp\left(\cfrac{1}{2\beta}(\|x - \mu_z\| - \|x - \mu_i\|)\right)} \rightarrow \begin{cases} 1 & (z = z_x) \\ 0 & (z \neq z_x) \end{cases}$$

となります。つまりEステップはxに対して最も平均ベクトルまでの距離が小さいクラスタにz_xを割り当てることと同じになります。

　Mステップに関しては制約条件から平均ベクトルの更新のみを考えます。集合$D_i \subset D$をサンプル$x \in D$の中で一番距離が小さい平均ベクトルのクラスタがiであるものの集合$D_i = \{x \in D \mid z_x = i\}$としたとき、Mステップの平均ベクトルの更新は、

$$\mu_i = \cfrac{\displaystyle\sum_{x \in D} q_x(z = i)x}{\displaystyle\sum_{x \in D} q_x(z = i)}$$
$$= \cfrac{1}{\#D_i} \sum_{x \in D_i} x$$

となります。つまりそのクラスタに属するサンプルxの平均ベクトルとして与えられます。

　このように$\beta \rightarrow 0$の極限でEMアルゴリズム実行して、各サンプルに対して所属するクラスタを割り当てるアルゴリズムを**k-平均法**と呼びます。

k-平均法

(1) 平均ベクトル$\mu_1, \ldots, \mu_k$を適当な値で初期化して、以下のEステップとMステップを収束するまで繰り返します。

● **1. Eステップ**

　すべての$x \in D$に対して、

$$z_x = \operatorname*{argmin}_{i \in \{1, \ldots k\}} \|x - \mu_i\|$$

を計算して、

$$D_i = \{x \in D \mid z_x = i\}$$

と定義します。

● 2. M ステップ

平均ベクトル $\mu_1, \ldots, \mu_k$ を、

$$\mu_i = \frac{1}{\#D_i} \sum_{x \in D_i} x$$

として更新します。

(2) その後すべての $x \in D$ に対して、x が所属するクラスタ z_x を、

$$z_x = \operatorname*{argmin}_{i \in \{1, \ldots k\}} \|x - \mu_i\|$$

として定めます。

● k-平均法を用いたクラスタリングの実装

実際に scikit-learn を用いて k-平均法を実行し、その結果を可視化してみましょう。

GMMの場合と同様に、iris データセットの最初の2つの次元の特徴量 X を使用してクラスタリングを行います（**リスト3.32**）。なお、**リスト3.32** を実行する前に、pip コマンドで seaborn をインストールいておいてください。

[ターミナル]

```
(env) $ pip install seaborn
```

リスト3.32 k-平均

In

```
import numpy as np
import matplotlib.pyplot as plt
import scipy as sp
import seaborn as sns
from sklearn import datasets
from sklearn.cluster import KMeans

iris = datasets.load_iris()
X = iris.data[:, :2]  # 次元を絞る
print("shape of X =", X.shape)
```

Out

```
shape of X = (150, 2)
```

　`sklearn.cluster.KMeans` クラスのインスタンスを用いることで、k-平均法を実行することができます。インスタンス変数`n_cluster`が混合数kに対応しています（ リスト3.33 ）。

リスト3.33 　k-平均法

In

```
n_cluster = 3
km = KMeans(n_clusters = n_cluster)
```

　その後、GMMの場合と同様に `fit` メソッドを用いることで学習を実行して、クラスタリングを行った結果を変数zに格納します（ リスト3.34 ）。

リスト3.34 　クラスタリングを行った結果を変数zに格納

In

```
km.fit(X)
z = km.predict(X)
print("shape of y =", z.shape)
print("z's values in ", np.unique(z))
```

Out

```
shape of y = (150,)
z's values in  [0 1 2]
```

　実際にクラスタリングの結果を可視化してみましょう。`cluster_centers_` 変数に各クラスタの平均ベクトルが格納されているのでyと合わせて可視化します（ リスト3.35 、 図3.16 ）。

リスト3.35 　クラスタリング行った結果を可視化

In

```
# k-平均法によるクラスタリングの可視化
for i in range(n_cluster):
    X_i = X[z == i, :]
    plt.scatter(X_i[:, 0], X_i[:, 1], marker="${}$". ➡
format(i+1), label="cluster={}".format(i+1), s= 60)
```

```
plt.scatter(km.cluster_centers_[:, 0], ➡
km.cluster_centers_[:, 1], marker='o', ➡
label="means vectors", s=100)
plt.show()
```

Out

#図3.16を参照

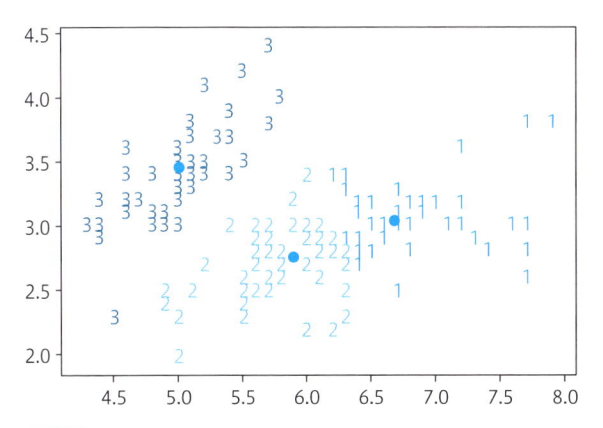

図3.16 k-平均法によるクラスタリング結果

　結果を見るとGMMの場合とほとんど同様のクラスタリング結果が得られることを確認できました。

　GMMと同様の結果が得られるという点から、「どちらを利用すればよいのか」という疑問が浮かび上がります。それに対する明確な回答は存在しませんが、GMMとk-平均法の違いとして次の点が挙げられます。

- 計算量：
  k-平均法 < GMM
- 複雑な真の分布に対する堅牢性：
  k-平均法 < GMM
- GMMのみ生成モデルとして人工的なサンプルを生成可能

　これらを意識して、実際のデータに対してどちらを適用すればよいのかを考えていくことが重要になります。

● k-平均法を用いた次元圧縮 / ベクトル量子化

k-平均法は次元圧縮やベクトル量子化と呼ばれるものに応用することができます。

k-平均法を用いることで $x \in \mathbb{R}^n$ を離散的なクラスタ $z_x \in \{1, \dots, k\}$ に対応させることができました。このように連続値のベクトルを離散的な集合の元に対応させることをベクトル量子化と呼びます。ベクトル量子化により、もともとのベクトルの情報の一部は失われてしまいますが、それはベクトル量子化が圧縮として作用していることの裏返しでもあります。

さらに各クラスタ $i \in \{1, \dots k\}$ に対して、k 次元の単位ベクトル e_i を対応させることで、$k < n$ ならば次元圧縮、

$$x \in \mathbb{R}^n \longrightarrow z_x \in \{1, \dots k\} \longrightarrow e_{z_x} \in \mathbb{R}^k$$

を実現することができます。これは実際には対応、

$$x \in \mathbb{R}^n \longrightarrow \begin{pmatrix} q_x(1) \\ q_x(2) \\ \vdots \\ q_x(k) \end{pmatrix} \in \mathbb{R}^k$$

のことであり、GMMの場合にもこのような次元圧縮は実現可能です。

k-平均法によるベクトル量子化の応用として画像の変換を行ってみましょう。ここでは`scipy.misc.face`メソッドで提供されるアライグマの画像を用います（ リスト3.36 、 図3.17 ）。

リスト3.36 画像の変換

In

```
img = sp.misc.face(gray=True)
print("shape of racoon: ", img.shape)  ➡
# shape = (768, 1024) : 各成分がピクセルに対応

X = img.reshape(-1, 1) #  各ピクセルをサンプルとして扱うために  ➡
shape=(768 * 1024, 1) のndarrayに変換
plt.imshow(img, cmap=plt.cm.gray)
plt.axis("off")
plt.show()
```

Out

```
shape of racoon:  (768, 1024)
#図3.17を参照
```

図3.17 `scipy.misc.face` メソッドで提供されるアライグマの画像

　画像の各ピクセルをサンプルだと考え、それに対してk-平均法を適用します（**リスト3.37**、**リスト3.38**、**図3.18**）。それにより、各ピクセルを0から255までの値ではなく、$\{1, \ldots k\}$ が対応する k 個の平均スカラー $\mu_1, \mu_2, \ldots, \mu_k$ に対応させることができます。そのため $k << 255$ である場合画像の圧縮として利用することが可能です。

リスト3.37 k-平均法を適用

In

```
n_cluster = 3
km = KMeans(n_clusters=n_cluster)

# 学習&クラスタの算出を行う
y = km.fit_predict(X)
values = km.cluster_centers_.squeeze()
quantized_img = np.choose(y, values)

print("z's values in", np.unique(quantized_img))
```

Out

```
z's values in [ 42.93150907 110.18243153 175.32492014]
```

In

```
compressed_img = quantized_img.reshape((768, 1024))
plt.imshow(compressed_img, cmap=plt.cm.gray)
plt.axis("off")
plt.show()
```

Out

```
#図3.18を参照
```

図3.18 混合数を3としたk-平均法を用いて、各ピクセルを量子化（離散化）させて画像を変換した結果。各ピクセルは3つの値のみを取る

　ここでは各ピクセルを独立のサンプルとして利用したため周囲との色の関係性が考慮されず、画像の圧縮としては質の低いものとなっています。そこで各ピクセルではなく、$m \times m$のピクセルのブロックをサンプルとして学習させることでより質の高い圧縮が可能です。

3.4.3　階層型クラスタリング

　ここでは階層型クラスタリングと呼ばれる教師なしアルゴリズムについて学んでいきます。階層型クラスタリングでは陽に真の分布$p(X)$やモデル$p_\theta(X)$を扱うわけではありませんが、その名の通り、手元のサンプルの$D = \{x_1, \dots, x_N\}$の背後に潜む階層構造を用いてクラスタリングを行うことを目的とします。

　階層型クラスタリングのアルゴリズムは主に、

1. すべてのサンプルを1つのクラスタとしてはじめ、徐々に分割していく
2. 個々のサンプルがバラバラの状態からはじめ、徐々にまとめて大きなクラスタを作っていく

この2種類に分類されます。1に属するアルゴリズムを**分割型**と呼び、2に属するアルゴリズムを**凝縮型**と呼びます。ここでは**凝縮型**のみを扱います。

図3.19は階層型クラスタリングアルゴリズムの概念図です。一番左のサンプルがバラバラの状態からはじめ、右端の1つのクラスタにまとめるプロセスが凝縮型に属する階層型クラスタリングアルゴリズムに対応し、右端から左に向かって分解していくプロセスが分割型に対応しています。**図3.19**では同時に3つ以上のサンプルまたはクラスタが凝縮されていますが、これは図の簡略化のためであり、本書で紹介する凝縮型アルゴリズムでは1つのステップ当たり、必ず1組のみが凝縮されます。

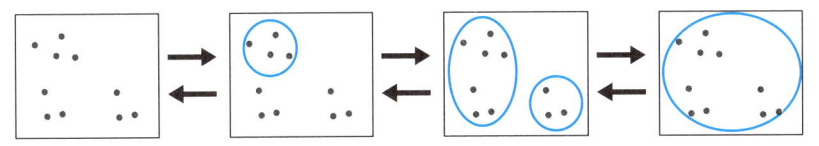

図3.19 階層型クラスタリングの概念図。各点がサンプルを表しており、それを囲む円がクラスタを表す。右方向に向かうプロセスが凝縮型、左方向に向かうプロセスが分割型に属する階層型クラスタリングに対応している

● 集合の集合上の距離関数

以降凝縮型の階層型クラスタリングアルゴリズム（以下、**融合法**）について説明していきます。

前述の通り融合法では、各サンプルがバラバラの状態から「似ているサンプル」をまとめてクラスタを形成していきます。そこで使われるサンプル同士が「似ている」ことの基準は、分析者の手に委ねられています。その基準を**距離関数**と呼ぶことにします。

集合Sに対して、関数$d: S \times S \to \mathbb{R}$を**距離関数**[4]と呼びます。

二点$x_1, x_2 \in S$に対して値$d(x_1, x_2)$が小さいほど分析者が意図した意味で「似ている」ことを表しているとします。

※4　数学的に厳密な意味で距離関数でない場合も許容します。

例えば $S \subset \mathbb{R}^n$ の場合 d として、ユークリッド距離の2乗[※5]を採用すれば、文字通り2点の距離が小さい場合にそれらの点が似ていることを表していることになります。

他の例として、S が日本語の単語の集合からなる場合を考えてみます。単語 $\text{cat} \in S$ は文字全体の集合の部分集合 $\text{cat} \subset \{a, b, c, d, \dots\}$ であることに注意し、2つの単語 $w_1, w_2 \in S$ の距離として Jaccard係数 にマイナスを掛けたもの、

$$\text{Jacc}(w_1, w_2) := -\frac{\#(w_1 \cap w_2)}{\#(w_1 \cup w_2)}$$

を採用します。この場合、表面上の文字が似ている単語同士ほど距離が小さくなります。実際、

$$\text{Jacc}(\text{cat}, \text{cap}) = -\frac{\#(\{c, a, t\} \cap \{c, a, p\})}{\#(\{c, a, t\} \cup \{c, a, p\})} = -\frac{\#(\{c, a\})}{\#(\{c, a, t, p\})} = -0.5$$

$$\text{Jacc}(\text{cat}, \text{dog}) = -\frac{\#(\{c, a, t\} \cap \{d, o, g\})}{\#(\{c, a, t\} \cup \{dog\})} = -\frac{\#(\{\})}{\#(\{c, a, t, d, o, g\})} = 0$$

のように計算され、「cat」は「dog」よりも「cap」に文字列として似ているという直感的にも納得できる距離となっています。このように距離関数を定めることで、点同士の距離を測れるようになりましたが、そこから出発して点の集まりであるクラスタ同士の距離を定めることができます。その前にクラスタという言葉の定義を明確にしておきましょう。

集合 S の部分集合全体からなる集合を 2^S と表すことにします。その集合 2^S をべき集合と呼び、その元 $C \in 2^S$ のことをクラスタと呼びます。例えば S が4点 $\{x_1, x_2, x_3, x_4\}$ からなる場合、べき集合は、

$$2^S = \{\{\}, \{x_1\}, \{x_2\}, \{x_3\}, \{x_4\}, \{x_1, x_2\}, \{x_1, x_3\}, \{x_1, x_4\}, \{x_2, x_3\}, \{x_2, x_4\},$$
$$\{x_3, x_4\}, \{x_1, x_2, x_3\}, \{x_1, x_2, x_4\}, \{x_1, x_3, x_4\}, \{x_2, x_3, x_4\}, \{x_1, x_2, x_3, x_4\}\}$$

となります。

集合 S とその上の距離関数 d が与えられたときに、べき集合 2^S 上の距離を定める方法は様々ありますが、主に次の4つがあります。

最長距離

最長距離は、2つのクラスタ C_1, C_2 のサンプルのペアの距離の最大値として定まる距離です（**図3.20**）。

$$d(C_1, C_2) := \max_{x_1 \in C_1, x_2 \in C_2} d(x_1, x_2)$$

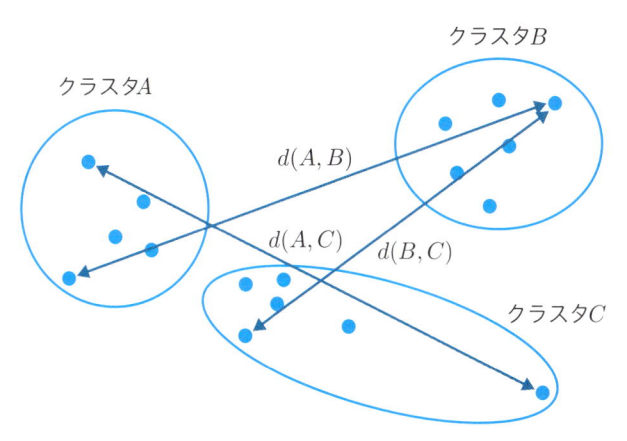

図3.20 最長距離の概念図。各クラスタ点の組で最も距離が大きい組の距離がクラスタの距離として採用される

群平均距離

群平均距離は、2つのクラスタ C_1, C_2 のサンプルのペアの距離の平均値として定まる距離です。

$$d(C_1, C_2) := \frac{1}{\#C_1 \times \#C_2} \sum_{x_1 \in C_1, x_2 \in C_2} d(x_1, x_2)$$

最短距離

最短距離は、2つのクラスタ C_1, C_2 のサンプルのペアの距離の最小値として定まる距離です（**図3.21**）。

$$d(C_1, C_2) := \min_{x_1 \in C_1, x_2 \in C_2} d(x_1, x_2)$$

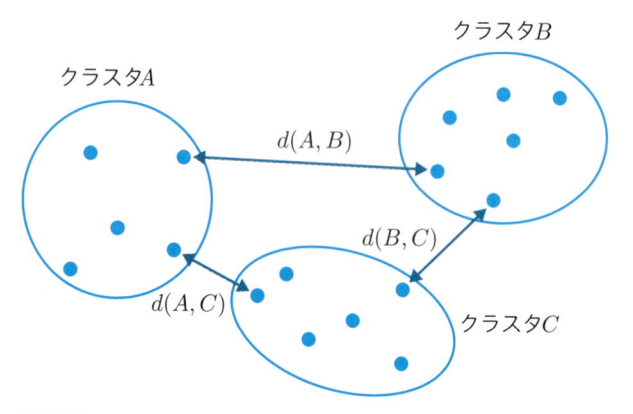

図3.21 最短距離の概念図。各クラスタ点の組で最も距離が小さい組の距離がクラスタの距離として採用される

Ward距離

　Ward距離は先の3つよりも少々複雑です。Ward距離が適用可能なのは、各クラスタCに対して自然な意味で重心μ_Cを与えることができ、かつ重心との距離$d(x, \mu_C)$が定義可能な場合だけです。例えば$S = \mathbb{R}^n$かつdがユークリッド距離の二乗の場合には、μ_CとしてC内の平均ベクトルとして与えることができます。このようなとき、クラスタ内のばらつき具合$V(C)$を、

$$V(C) = \sum_{x \in C} d(\mu_C, x)$$

として定義し、Ward距離を、

$$d(C_1, C_2) = V(C_1 \cup C_2) - (V(C_1) + V(C_2))$$

のように与えます。図を用いてこの距離を説明するのは少々難しいですが、考え方は単純です。その定義から「$d(C_1, C_2)$が小さい」＝「$V(C_1 \cup C_2) \approx (V(C_1) + V(C_2))$」と考えることができ、$V(C)$はクラスタ内でのばらつきの大きさを示していることを考えれば、融合してもほとんど重心からのばらつき具合が変化しないことを意味しています。

● 融合法のアルゴリズム

　kを自然数として最終的にデータを分割したいクラスタの数として用意して、

データ $D = \{x_1, \ldots, x_N\} \in 2^S$ と距離 $d : S \times S \to \mathbb{R}$ に対する融合法は次のように与えられます。

融合法

(1) $C_D = \{\{x_1\}, \ldots, \{x_N\}\} \subset 2^S$ とおきます。

(2) $\#C_D = k$ になるまで以下を繰り返します。

   (2-1) すべての組 $C_1, C_2 \in C_D$ に対して $d(C_1, C_2)$ を計算し、

$$C, C' = \underset{C_1, C_2 \in C_D}{\operatorname{argmin}} \quad d(C_1, C_2)$$

と定めます。

   (2-2) C_D から C と C' を取り除き、代わりに2つの和集合 $C \cup C'$ を入れます。つまり、

$$C_D = \{A \in C_D \mid A \neq C, C'\} \cup \{C \cup C'\}$$

と代入します（これにより $\#C_D$ が1減少する）。

各ステップで1組のクラスタのみが融合され、最終的に k 個のクラスタが得られるため、バラバラの状態から k 個系統図を構成する操作に対応しています（図3.22）。

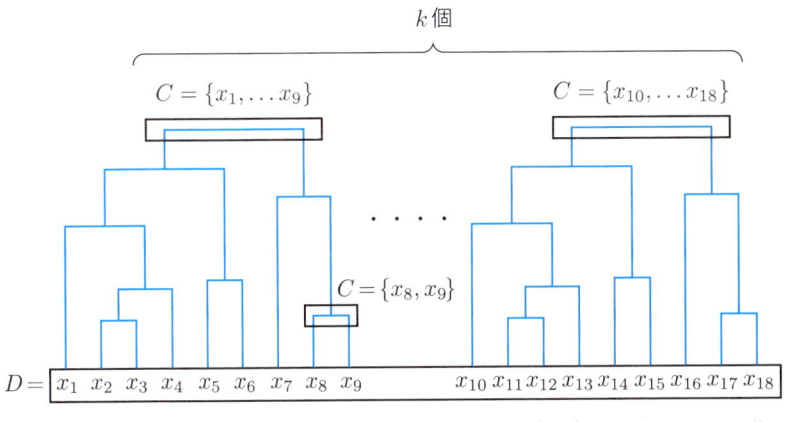

図3.22 融合法と系統図の対応を表した図。最初は一番下のバラバラの状態からはじめ徐々に融合させてクラスタを形成していく操作が系統図を作成することに対応している

融合法を実行するためには、あらかじめ距離関数を準備しておく必要がありますが、その距離の選び方によってクラスタリングの結果が大きく異なる場合があります。

最短距離を用いた融合法では、大きなクラスタが形成されやすい傾向があります。実際、クラスタが大きくなればなるほど、点を多く含み結果として最小値の捜索範囲が広がるため、融合されやすくなります。

最長距離を用いた場合は、逆の現象が起こります。クラスタが大きくなればなるほど、最大値の探索範囲が大きくなるため距離が大きくなりやすく結果として、大きいクラスタが形成されにくくなります。群平均距離やWard距離を用いた場合はそのような傾向は見られません。

● 融合法の実装

実際にscikit-learnを用いて融合法を実装してみましょう。scikit-learnには最長距離、群平均距離、そしてWard距離の3つのクラスタ上の距離関数を用いた融合法が実装されています。注意としてWard距離を用いた場合、その性質から点同士の距離関数はL^2距離に限定されます。

ここでは手書き数字のdigitsデータセットを用いてクラスタリングを行ってみます。まず必要なライブラリとデータを準備します（ **リスト3.39** ）。

リスト3.39 ライブラリとデータを準備

In

```
import numpy as np
import matplotlib.pyplot as plt
import seaborn as sns
from sklearn import datasets
from sklearn.cluster import AgglomerativeClustering
from sklearn.manifold import TSNE

digits = datasets.load_digits()
X = digits.data
```

ここではWard距離を用いて融合法を実装していきます（ **リスト3.40** ）。引数linkageを変えることでその他の距離を用いることができます。また、n_clustersは先に述べたアルゴリズムでいうところのkに対応しており、それと同時に系統図の数に対応しています。その後fit_predictメソッドにデータ

を渡すことで融合法が実行され、返り値として各サンプルのクラスタのラベルが得られます。

リスト3.40 Ward距離を用いて融合法を実装

In

```
clustering = AgglomerativeClustering(linkage='ward', ➡
n_clusters=10)
cluster_label = clustering.fit_predict(X)
```

digitsデータセットの各サンプルは$8 \times 8 = 64$次元のため、クラスタリングの結果をプロットして可視化することができません。そこで sklearn.manifold.TSNE クラスに実装されているt-SNEと呼ばれるアルゴリズムを用いることで、64から2次元に次元圧縮し可視化を試みます（**リスト3.41**、**図3.23**）。t-SNEについては後ほど解説します。

リスト3.41 64から2次元に次元圧縮し可視化

In

```
X_red = TSNE(n_components=2).fit_transform(X)

markers = [".", ",", "o", "v", "^", "<", ">", "1", ➡
"2", "3"]
for marker, label in zip(markers, np.unique(➡
cluster_label)):
    X_plt = X_red[cluster_label == label, :]
    plt.scatter(X_plt[:, 0], X_plt[:, 1], marker=marker)

plt.figure(figsize=(10,10))
plt.show()
```

Out

```
<Figure size 720×720 with 0 Axes>
#図3.23を参照
```

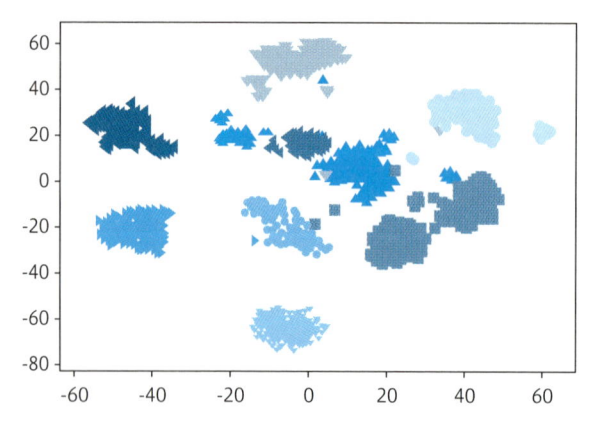

図3.23 $k = 10$としてWard距離を用いた融合法の結果をt-SNEを用いて可視化した図。実際の距離と適合するようにクラスタリングされていることがわかる

3.4.4 カーネル密度推定

次に紹介するアルゴリズムはカーネル密度推定です。カーネル密度推定は、その一部として混合ガウス分布を用いて直接真の分布$p(X)$を推定する手法も含むため、3.4.1項で紹介したGMMをEMアルゴリズムで学習させる手法と非常に似ていますが、その実態は異なります。

カーネル密度推定はモデル自身がパラメータを持たないノンパラメトリックな手法であるだけでなく、一致性と呼ばれる優れた性質を持ちます。それらの性質も含め学んでいきましょう。

● カーネル密度推定におけるモデル

以下では、データ$D = \{x_1 \ldots, x_N\}$の各サンプルが従う確率変数Xはn次元の連続確率変数であるとします。このとき、後述のカーネル関数$K : \mathbb{R}^N \to \mathbb{R}_{\geq 0}$と呼ばれる関数とバンド幅と呼ばれる定数$h > 0$を用意して、

$$f_{K,h}(x) = \frac{1}{N} \sum_{i=1}^{N} \frac{1}{h} K\left(\frac{x - x_i}{h}\right)$$

で定義される関数$f_{K,h} : \mathbb{R}^N \to \mathbb{R}$を考えます。真の確率分布の密度関数を$f_{K,h}$（カーネル密度推定器と呼ぶ）を用いて近似を行うことをカーネル密度推定と呼びます。式からわかるように、カーネル関数とバンド幅さえ決定すれば、決める

べきモデルパラメータは存在しません。そのためカーネル密度推定は<u>ノンパラメトリックモデル</u>として広く知られています。

$f_{K,h}$からサンプリングが可能なようにカーネル関数を選ぶことで生成モデルとして利用することも可能です。古典的な手法ではあるものの、推定のステップが存在せず手軽にモデリングが可能なため、基本的な教師なしアルゴリズムとして今でも広く利用されています。

以下の理論的な解説では、簡単のため$n = 1$の場合のみ取り扱いますが、全く同様の議論で一般の次元の場合に拡張することができます。ノンパラメトリックな統計モデルの包括的な書籍として、以下の書籍がおすすめです。

- 『**All of Nonparametric Statistics**』(**Larry Wasserman, Springer, 2005**)
  URL https://www.amazon.co.jp/All-Nonparametric-Statistics-Springer-Texts/dp/0387251456

◉ カーネル関数

カーネル関数として採用する関数はどのような性質を持てばよいのでしょうか。最も重要な性質として、

$$\int K(x)dx = 1 \cdots (*)$$

があります。これは$f_{K,h}(x)$が確率密度関数としての性質$\int f_{K,h}(x)dx = 1$を満たすために必要です。実際、

$$\int f_{K,h}(x)dx = \frac{1}{N}\sum_{i=1}^{N}\frac{1}{h}\int K\left(\frac{x - x_i}{h}\right)dx$$
$$= \frac{1}{N}\sum_{i=1}^{N}\frac{1}{h}\int hK(y)\,dy, \quad y = (x - x_i)/h$$
$$= 1$$

と計算できるため、$f_{K,h}$が確率密度関数となることが確認できます。その他、

$$\int xK(x)dx = 0 \cdots (**)$$

もカーネル関数が満たすべき性質です。これは後述の収束性、つまりカーネル密度推定が真の分布を近似する「推定アルゴリズム」として良い性質を持つために

必要な条件となっています。これらの性質を持ってさえいれば、どのようなカーネル関数を選ぼうと最終的な推定結果にはあまり影響しないという事実が知られています。

カーネル関数の例としては、ガウシアンカーネル、

$$K(x) = \frac{1}{\sqrt{2\pi}} \exp\left(-\frac{x^2}{2}\right)$$

が最も基本的です。

● 一致性

カーネル密度推定器は一致性と呼ばれる非常に良い性質を持っています。次の仮定のもと、サンプルの数Nを無限大に極限を取ったときに、$f_{K,h}$が真の確率密度関数に「一致する」というものです。

バンド幅が、

$$\lim_{N \to \infty} h_N = 0,$$
$$\lim_{N \to \infty} N h_N = \infty$$

という条件を満たすようにサンプルサイズに依存する形h_Nであると仮定します。この仮定のもと、真の分布の確率密度関数をfとした場合、すべての点$x \in \mathbb{R}$に対して、

$$\lim_{N \to \infty} f_{K,h}(x) = f(x) \quad (\text{in probability})$$

が成立します。ここで「in probability」としているのは確率的に収束するという意味で、実際カーネル密度推定器$f_{K,h}$の形状はサンプルの数だけでなく実現されたサンプル$x_1, x_2, \ldots, x_N$の値で形状が変わるため、数学的に上手く扱うためにはこのような言い回しが必要になります MEMO参照 。

 **MEMO**

より厳密な内容

本書ではこれ以上厳密な議論には立ち入りません。詳細が気になる方は以下の書籍を参考にしてください。

- 『**All of Nonparametric Statistics**』(**Larry Wasserman, Springer, 2005**)
  URL https://www.amazon.co.jp/All-Nonparametric-Statistics-Springer-Texts/dp/0387251456

ここでの状況の場合、確率的に収束することを示すためには、

$$\lim_{N \to \infty} \mathbb{E}\left[f_{K,h}(x)\right] - f(x) = 0$$
$$\lim_{N \to \infty} \mathrm{Var}\left[f_{K,h}(x)\right] = 0$$

を示せばよいことが知られています。

少々の厳密性を犠牲にしますが、ここで証明してみましょう。まず確率変数、

$$K_h(x, X) = \frac{1}{h} K\left(\frac{x - X}{h}\right)$$

を考えると、$f_{K,h_N}(x)$はこの確率変数の期待値をモンテカルロ近似していることと同値です。つまり、

$$f_{K,h_N}(x) = \frac{1}{N} \sum_{i=1}^{N} K_{h_N}(x, x_i) \approx \mathbb{E}_X\left[K_{h_N}(x, X)\right]$$

が成立します。一方で右辺をより具体的に計算してみると、

$$\mathbb{E}\left[K_{h_N}(x, X)\right]$$

$$= \int \frac{1}{h_N} K\left(\frac{x-t}{h_N}\right) f(t)dt$$

$$= \int K(u)f(x - h_N u)du, \quad u = (x-t)/h_N$$

$$= \int K(u)\Big(f(x) - h_N u f'(x) + h_N^2 u^2 f''(x) + o(h_N^2)\Big)du$$

$$= f(x)\left(\int K(u)du\right) - h_N f'(x)\left(\int uK(u)du\right)$$

$$\quad + h_N^2 f''(x)\left(\int u^2 K(u)du\right) + o(h_N^2)$$

$$= f(x) + h_N^2 f''(x)\left(\int u^2 K(u)du\right) + o(h_N^2)$$

となります。ここの最後の行でP.197の(∗)式と(∗∗)式を用いました。この式から $\lim_{N \to \infty} h_N = 0$ ならば、

$$\mathbb{E}\left[f_{K,h}(x)\right] - f(x) = \mathbb{E}\left[K_{h_N}(x, X)\right] - f(x) \xrightarrow{N \to \infty} 0$$

が成立することがわかります。上と同様の計算により $\lim_{N \to \infty} Nh_N = \infty$ ならば、

$$\mathrm{Var}\left[f_{K,h}(x)\right] = \frac{f(x)\int K^2(t)dt}{nh_N} + O\left(\frac{1}{N}\right) \xrightarrow{N \to \infty} 0$$

が成立するので、カーネル推定器は確率的に真の分布 $f(x)$ に収束することがわかりました。この収束性の証明から、カーネル関数の選び方はそれほど重要でないことも読み取れます。

　カーネルの選び方の違いは、$N \to \infty$ の極限を考える際、$\int u^2 K(u)du$ のみ寄与（＝定数倍の差しか収束性に影響しない）するためです。

　一方でバンド幅の方はクリティカルに収束性に寄与するため、その選択は極めてセンシティブになります。実際の現場では N は固定した状態で考えなければならず、どのように決定すればよいのかは非常に難しい問題です。その問題に立ち入るのは本書の範囲を著しく超えるため割愛しますが、分析者は常にバンド幅に対して注意していなければなりません。

● バンド幅と滑らかさ

バンド幅hは、カーネル密度推定器$f_{h,K}(x)$の"滑らかさ"に影響を及ぼします。大きいhを選択することは1つ1つサンプルの重みを小さくすることに対応し、逆に小さいhを選択することは重みを大きくすることに対応しており、結果としてその平均で表される$f_{h,K}(x)$の関数としての滑らかさに影響を及ぼします（ 図3.24 ）。

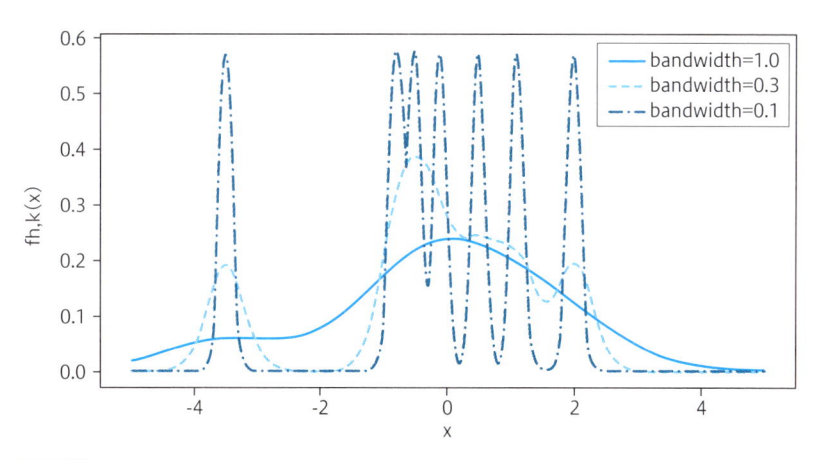

図3.24 同一のカーネル関数とデータを用いて異なるバンド幅に対して得られたカーネル密度推定器のグラフ。hが大きいほど滑らかに、逆に小さいほど1つ1つのサンプルが強調され凹凸が激しい密度関数となることがわかる

● 教師あり学習への応用

教師なし学習アルゴリズムであるカーネル密度推定は、教師あり学習に応用することができます。以下で述べる議論は、カーネル密度推定のみならず、GMMなど直接密度推定を行うアルゴリズムに対しても成立します。

ラベル付きの訓練データを$D = \{(x_i, y_i)\}$として、ラベルが取りうるすべての値$y \in \{1, \ldots, C\}$に対して$D_y = \{x \mid (x, y) \in D\} \subset D$とおきます。言い換えれば、$D_y$はラベルが$y$であるすべてのサンプルの入力値からなるデータセットです。

教師あり学習でモデリングを行いたいのは、条件付き確率$p(Y = y \mid X = x)$ですが、ベイズの定理を用いて、

$$p(Y = y \mid X = x) = \frac{p(X = x \mid Y = y)p(Y = y)}{p(X = x)}$$

と変形することができます。よって、大雑把にいえば、D_yを用いて$p(X = x \mid Y = y)$を推定することで、$p(Y = y \mid X = x)$を推定することができます。

その方法の1つとして、各ラベル$y \in \{1, \ldots, C\}$に対して$p(X = x \mid Y = y)$のモデルとして、カーネル密度推定器を作成します。言い換えれば$y \in \{1, \ldots, C\}$に対して、

$$p(X = x \mid Y = y) = \frac{1}{\#D_y} \sum_{z \in D_y} \frac{1}{h^n} K\left(\frac{x - z}{h}\right) \quad \cdots (\star)$$

のようなモデリングを行うことで、教師あり学習問題に応用することができます。

● scikit-learn での実装

scikit-learnで実際にカーネル密度推定を実装してみましょう（ リスト3.42 ）。ここではdigitsデータセットを用いて、各数字に対応するサンプルを別々に学習させてみます。つまり、上記の$(\star)$式を数字$y = 0, 1, \ldots, 9$それぞれに対して、モデルを作成します。モデルの作成には`sklearn.neighbors.KernelDensity`クラスの`fit`メソッドを用います。

リスト3.42 カーネル密度推定を実装

In

```python
from sklearn import datasets
from sklearn.neighbors import KernelDensity

# digits データセットの読み込み
digits = datasets.load_digits()
raw_imgs = digits.images  # shape = (1797, 8, 8)
X = raw_imgs.reshape(len(raw_imgs), -1) # shape=(17797, 64)
y = digits.target

models = {}
for number in np.unique(y):
    X_y = X[y == number, :]  ➡
# ラベルがnumber に一致する入力データのみを取り出す
    kde = KernelDensity(bandwidth=0.01, kernel=➡
'gaussian')  # ガウシアンカーネルを用いたモデルインスタンス
```

```
    kde.fit(X_y)
    models[number] = kde
```

ここまでで各ラベル$0, \ldots, 9$に対応するガウシアンカーネルを用いたカーネル密度関数を得ることができ、辞書型変数modelsに格納することができました。それぞれのモデルを用いて、GMMの場合と同様に人工的なサンプルを生成して可視化してみます（ リスト3.43 、 図3.25 ）。サンプルの生成にはsampleメソッドを用います。

リスト3.43 可視化する

In

```
output_size = 15
sample_num = output_size **2

for number in np.unique(y):
    # 8x8のshapeに戻す
    samples = models[number].sample(sample_num).reshape➡
((-1,8,8))
    img = []
    for i in range(output_size):
        row = []
        for j in range(output_size):
            row.append(samples[i*5 + j, :,:])
        row = np.concatenate(row, axis=1)
        img.append(row)

    img = np.concatenate(img, axis=0)
    plt.imshow(img, cmap=plt.cm.gray)
    plt.axis("off")
    plt.show()
```

Out

※図3.25を参照

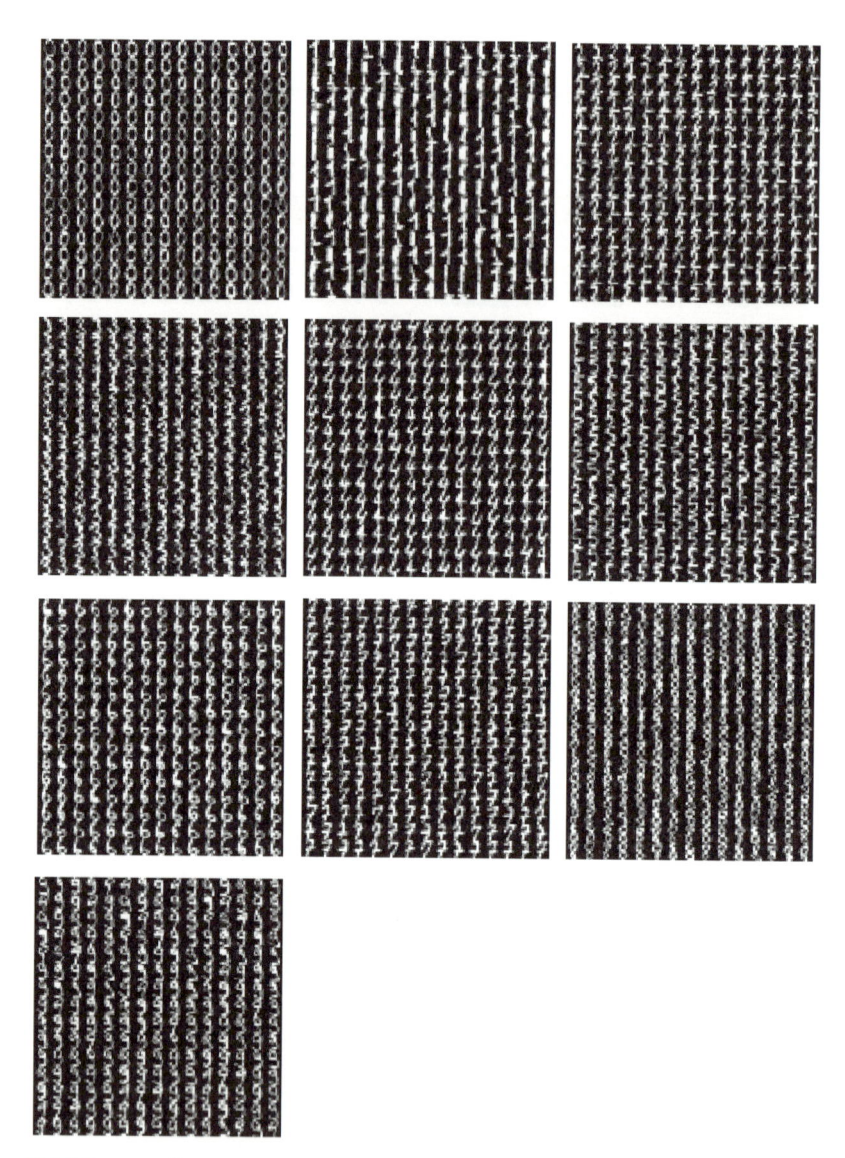

図3.25 ラベルごとにカーネル密度推定を行い、それぞれのモデルから人工的なサンプル生成した結果。各ラベル y ごとの画像 x の密度関数 $p(X = x \mid Y = y)$ をそれなりに推定できていることを確認できる

3.4.5　t-SNE

　ここでは、"非線形な"可視化手法として近年広く用いられているt-SNEについて紹介します。すでに **3.4.3項** でt-SNEを用いてデータの可視化を行いましたが、ここではそのアルゴリズムの理論的側面の解説のみを行います。

　t-SNE `MEMO参照` とその高速化版 `MEMO参照` はそれぞれ2008年と2014年に発表された手法で、本書で紹介した教師なしアルゴリズムの中では新しい部類に入ります。

　可視化や次元圧縮の手法としては、**主成分分析** や **特異値分解** などが基本的かつ古典的ですが、すでに多くの書籍で解説がなされているため本書では割愛します。

📝 **MEMO**

t-SNEの参考文献

- 『**Visualizing Data using t-SNE**』（Laurens van der Maaten, Geoffrey Hinton, Journal of Machine Learning Research 9, 2008, 2579-2605）
  - `URL` http://www.jmlr.org/papers/volume9/vandermaaten08a/vandermaaten08a.pdf

---

📝 **MEMO**

t-SNE高速化版の参考文献

- 『**Accelerating t-SNE using Tree-Based Algorithms**』（Laurens van der Maaten, Journal of Machine Learning Research 15.1, 2014, 3221-3245）
  - `URL` http://jmlr.org/papers/volume15/vandermaaten14a/vandermaaten14a.pdf

---

SNE（Stochastic Neighbor Embedding）

　以下では、3次元よりも大きいベクトル空間に分布するサンプルからなるデータ $D = \{x_1, \ldots, x_N\} \subset \mathbb{R}^m$ が、どのような形状をしているのかを目で見る、つまり可視化することを目標とします。数学的な言葉で言い換えると、適切な関数、

$$f : D \subset \mathbb{R}^m \longrightarrow \mathbb{R}^2$$

を構築することに相当します。上の式で行き先は2次元ですが、3次元でも良いでしょう。関数 f の値 $f(x_1), \ldots, f(x_N)$ を簡単のために $y_1, \ldots, y_N$ と表記します。

「適切な関数」と述べましたが、どのような意味で適切な関数が望ましいのでしょうか。

ここでは「サンプル間の距離を保つような関数」が適切である考えます。そのためにまず、各点 $x_i \in \mathbb{R}^m$ に対してユークリッド距離を用いて次のような確率質量関数 $p_{j|i}$ を考えます。

$$p_{j|i} = \begin{cases} \dfrac{\exp(-\|x_i - x_j\|^2/2\sigma_i^2)}{\sum_{k \neq i} \exp(-\|x_i - x_k\|^2/2\sigma_i^2)} & (j \neq i) \\ 0 & (j = i) \end{cases}$$

この確率質量関数は、$S = \{1, \ldots, N\}$ 上の確率分布を定めており、その定義から x_i に近い点ほど確率質量が大きいことを表しています。以下この確率分布を P_i と表記します。

定義中の σ_i は正規分布の標準偏差に対応しており、x_i の周りにサンプルがどのような距離感で分布しているのかを決めるパラメータとなっています。適切な σ_i をどのように選ぶかは次ページの「Perplexity」のセクションで解説します。

高次元での確率分布 $p_{j|i}$ と同様にして、各 $y_i \in \mathbb{R}^2$ に対して、$S = \{1, \ldots, N\}$ 上の確率質量関数、

$$q_{j|i} = \begin{cases} \dfrac{\exp(-\|y_i - y_j\|^2)}{\sum_{k \neq i} \exp(-\|y_i - y_k\|^2)} & (j \neq i) \\ 0 & (j = i) \end{cases}$$

を考えます。こちらに関しては、分散のパラメータは最終的な結果に依存しないため、$1/\sqrt{2}$ で固定しています。この確率質量関数が定める分布を Q_i と表記します。

今、もし関数 f が距離を保つような関数であった場合、2つの確率分布は完全に一致するはずです。従って KL ダイバージェンス $\mathrm{KL}(P_i, Q_i)$ が小さくなるように関数 f の値 $y_1, \ldots, y_N$ を決定すれば「サンプル間の距離を保つ」という目的を達成することができます。より正確には、

$$C(y_1, \ldots, y_N) = \sum_{i=1}^{N} \mathrm{KL}(P_i, Q_i) = \sum_{i,j} p_{j|i} \log \frac{p_{j|i}}{q_{j|i}} \quad \cdots (\star)$$

を最小化するような$y_1, \ldots, y_N$を探します。この損失関数の微分は、

$$\frac{\partial C}{\partial y_i} = 2 \sum_j (p_{j|i} - q_{j|i} + p_{i|j} - q_{i|j})(y_i - y_j)$$

で与えられ、勾配降下法を用いて最小化を目指します。このようにして高次元の
データのサンプル間の距離を保つように低次元空間に埋め込むアルゴリズムを
SNE（Stochastic Neighbor Embedding）と呼びます。

Perplexity

SNEを実行するためには、高次元で各サンプルに対する距離のばらつきを表す
パラメータ$\sigma_1, \ldots, \sigma_N$を決定する必要があります。$\sigma_i$を$i$によらない値で固定す
ることは適切とは限りません。実際、点x_iの周りにサンプルが集中している場合
は、σ_iはより小さく、逆に集中していない場合はσ_iはより大きく設定するのが好
ましいように考えられます。

確率分布$P(= p_i)$の散らばり具合を表す指標の1つとして平均情報量、

$$H(P) := -\sum_i p_i \log_2 p_i$$

と呼ばれるものがあり、さらにそれを用いた指標であるPerplexityを、

$$\mathrm{Perp}(P) := 2^{H(P)}$$

により定めます。SNEだけでなく、以下で紹介するSymmetric SNEやt-SNEな
どのアルゴリズムでは、分析者が事前に定めた値に$Perp(P_1), \ldots, Perp(P_N)$が
一致するように、$\sigma_1, \ldots, \sigma_N$を決定します。これは二分探索などにより実行され
ます。

直感的に、Perplexityは分布P_iを決定するにあたって、x_iの近傍のサンプルを
どの程度に考慮するか、つまりカーネル密度推定におけるバンド幅のような滑ら
かさを決定するパラメータとなっています。「Visualizing data using t-SNE」の
論文では、PerprexityがSNEの結果に及ぼす影響は大きくなく、5から50の間で
設定することが推奨されています。

● Symmetric SNE

SNEは2003年に提案され MEMO参照、優れた可視化手法として知られていましたが、いくつかの難点を持っていました。その難点を克服する手法としてt-SNEがありますが、ここではt-SNEのもととなるSymmetric SNEについて触れておきます。

 MEMO

SNE

- ●『Stochastic Neighbor Embedding』(Geoffrey Hinton and Sam Roweis, Advances in Neural Information Processing Systems, 2003)
  URL https://papers.nips.cc/paper/2276-stochastic-neighbor-embedding.pdf

SNEでは $S = \{1, \ldots, N\}$ 上の確率分布 $P_1, \ldots, P_N, Q_1, \ldots, Q_N$ を考えていました。それらは $S \times S = \{(i, j) \mid i, j = 1, \ldots, N\}$ 上のある同時確率分布に対する条件付き確率分布として解釈することができます。実際、

$$P(i, j) = \frac{1}{N} p_{i|j}$$
$$P(i) = \frac{1}{N}$$

と定義すれば、

$$\sum_{i,j=1}^{N} P(i, j) = \sum_{i}^{N} \frac{1}{N} \left(\sum_{j}^{N} p_{i|j} \right) = \sum_{i}^{N} \frac{1}{N} = 1$$

$P(i, j)$ は確率分布であり、その定義から明らかに、$p_{i|j}$ が同時分布 P に対して、j が与えられたときの i の値の条件付き確率に対応していることがわかります。また、

$$Q(i, j) = \frac{1}{N} q_{i|j}$$
$$Q(i) = \frac{1}{N}$$

と定義すれば、同様に、$q_{i|j}$ が同時分布 Q に対して、j が与えられたときの i の値

の条件付き確率に対応していることがわかります。

$p_{i|j} \neq p_{j|i}$ と $q_{i|j} \neq q_{j|i}$ という性質から、SNEに対応する2つの同時分布 P, Q は、

$$P(i, j) \neq P(j, i)$$
$$Q(i, j) \neq Q(j, i)$$

という「非対称性」を持っています。このように通常のSNEが非対称性を持つのに対して、Symmetric SNE では次のように「対称性」を持つ同時分布、

$$P(i, j) = \frac{p_{i|j} + p_{j|i}}{2N}$$

$$Q(i, j) = \begin{cases} \dfrac{\exp(-\|y_i - y_j\|^2)}{\sum_{k \neq l} \exp(-\|y_k - y_l\|^2)} & (j \neq i) \\ 0 & (j = i) \end{cases}$$

を考え、それらのKLダイバージェンスを損失関数として $C(y_1, \ldots, y_N) :=$ KL(P, Q) を最小化するように $y_1, \ldots, y_N$ を決定します。その微分は、

$$\frac{\partial C}{\partial y_i} = 4 \sum_j (P(i, j) - Q(i, j))(y_i - y_j)$$

という「非対称な」SNEよりもシンプルな形をしており、勾配降下法を用いて最小化することができます。

● t-SNE

よりシンプルな微分を持つSymmetric SNEですが、まだ1つ難点があります。それは次元の呪いと呼ばれる現象に起因しています。次元の呪いにより、高次元の空間に存在しているサンプル $x_1 \ldots, x_N$ の間の距離が非常に小さい値になってしまうことがあり **MEMO参照** 、それに伴って可視化したい2次元空間での距離とスケールが非常に異なってしまいます。距離の値を指数関数の肩に乗せて減衰させるガウス分布を P と Q の両方に用いてしまうと、上述のように、距離のスケールが違うため正しい結果が得られません。

MEMO

次元の呪いと距離の関係性

- 『When Is "Nearest Neighbor" Meaningful?』(Kevin Beyer, Jonathan Goldstein, Raghu Ramakrishnan, and Uri Shaft, International conference on database theory. Springer, Berlin, Heidelberg, 1998)
  URL https://members.loria.fr/moberger/Enseignement/Master2/Exposes/beyer.pdf

高次元での小さい距離が、低次元で比較的大きな値に対応するようにするためには、Q の分布をより裾の重い分布にする必要があります。裾の重い分布とは、減衰の速さが指数関数よりも遅いような分布のことをいいます。

t-SNE では 自由度1の student t-分布 の密度関数 （図3.26）、

$$\text{Student}(t) := \frac{1}{\pi(1 + t^2)}$$

を用いて Q の分布を定義します。

$$Q(i, j) = \frac{\text{Student}\left(\|y_i - y_j\|\right)}{\sum_{k \neq l} \text{Student}\left(\|y_k - y_l\|\right)} = \frac{(1 + \|y_i - y_j\|^2)^{-1}}{\sum_{k \neq l}(1 + \|y_k - y_l\|^2)^{-1}} \quad \cdots (\star)$$

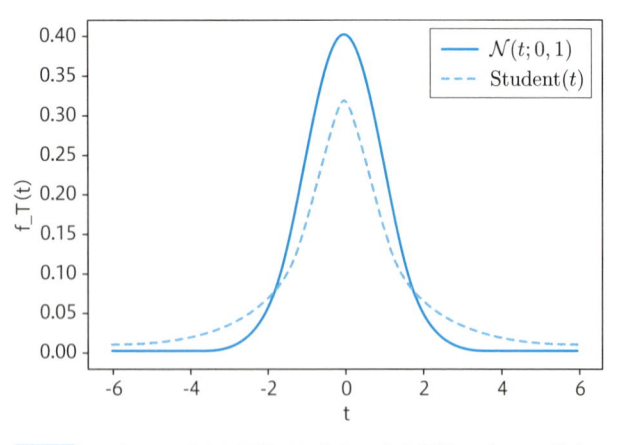

図3.26 student t-分布と標準正規分布の密度関数のグラフ。前者のほうが減衰が遅く、「裾の重い分布」であることがわかる

student t-分布を採用するもう1つの理論的背景として、student t-分布が正規分布と密接な関係を持っている点があります。より具体的には、student t-分布が無限個の異なる分散を持つガウス分布の混合ガウス分布と解釈できるという事実があり、それにより（Symmetric）SNEでは固定されていたQの正規分布の分散が、t-SNEでは無限の自由度を持ったモデルであると解釈できます。その事実は以下のように簡単に確認できます。

2つの確率変数T, Vについて考えましょう。Vが与えられていたときのTの条件付き分布$T \mid V$が平均0、分散がvの正規分布$T \mid V \sim \mathcal{N}(t; 0, v)$であり、$V$の密度関数が次の式、

$$\mathrm{InverseGamma}(v) := \frac{1}{\sqrt{2\pi}} v^{-\frac{3}{2}} \exp\left(-\frac{1}{2v}\right)$$
$$\propto v^{-\frac{3}{2}} \exp\left(-\frac{1}{2v}\right)$$

で与えられる逆ガンマ分布に従うとします。このとき、Tの確率密度関数はTをVに対して周辺化することで、

$$
\begin{aligned}
f_T(t) &= \int_0^\infty f_{T|V}(t) f_V(v) dv \\
&= \int_0^\infty \mathcal{N}(t \mid 0, v) \mathrm{InverseGamma}(v) dv \\
&\propto \int_0^\infty \frac{1}{\sqrt{v}} \exp\left(-\frac{t^2}{2v}\right) v^{-\frac{3}{2}} \exp\left(-\frac{1}{2v}\right) dv \\
&= \int_0^\infty \frac{1}{v^2} \exp\left(-\frac{t^2+1}{2v}\right) dv \\
&= \int_{-\infty}^0 \exp\left(\frac{t^2+1}{2} w\right) dw \qquad (w = -1/v) \\
&= \left[\frac{2}{t^2+1} \exp\left(\frac{t^2+1}{2} w\right)\right]_{w=-\infty}^{w=0} \\
&= \frac{2}{t^2+1} \quad \propto \mathrm{Student}(t)
\end{aligned}
$$

となり、実際にstudent t-分布は（積分を無限和とみなすことで）無限個の分散が異なる正規分布からなる混合ガウス分布に対応することが確認できました。t-SNEの損失関数Cは、Symmetric SNEの場合と同様の分布Pと前ページの(⋆)式で与えられる確率分布QとのKLダイバージェンスにより与えられ、その微分は、

$$\frac{\partial C}{\partial y_i} = 4 \sum_j (P(i,j) - Q(i,j))(y_i - y_j) \frac{1}{1 + \|y_i - y_j\|^2}$$

で与えられ、これを最小化することで目的の可視化 $y_1, \ldots, y_N$ を得ることができ
ます。

データの集計・整形

本章では、第2章および第3章の問題をより具体的な問題へ適用するためのデータの集計、整形方法を解説します。

実際のデータを機械学習に利用するための流れ

本章の導入として機械学習を実務で応用するための流れ、およびデータ整形の必要性を解説します。

図4.1 は『Hidden Technical Debt in Machine Learning Systems』の引用になります。

論文中にある通り機械学習自体は、実際に稼働しているサービスのシステムの中におけるほんの一部を担っているに過ぎません（ 図4.1 の「ML Code」の箇所）。

Only a small fraction of real-world ML systems is composed of the ML code, as shown by the small black box in the middle. The required surrounding infrastructure is vast and complex.

そのため、理論をある程度理解したとしても、そのまま実務に取り入れることができるわけではありません。 図4.2 にある通り、活用までには多くのプロセスを経由する必要があります。

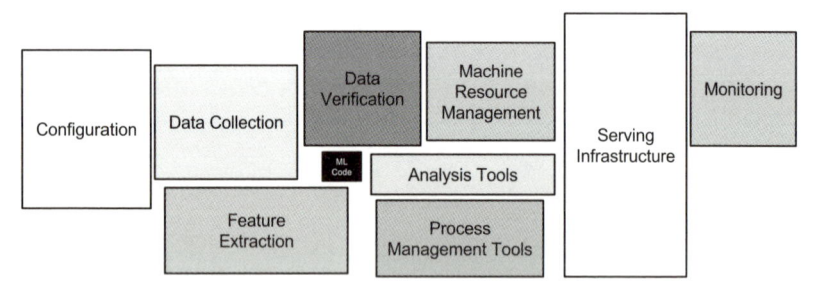

図4.1 実務における機械学習の位置づけ

引用 『Hidden Technical Debt in Machine Learning Systems』の Figure 1 (Only a small fraction of real-world ML systems is composed of the ML code, as shown by the small black box in the middle. The required surrounding infrastructure is vast and complex.) より引用

URL https://papers.nips.cc/paper/5656-hidden-technical-debt-in-machine-learning-systems.pdf

参考文献 『NIPS'15 Proceedings of the 28th International Conference on Neural Information Processing Systems - Volume 2』、P.2503-2511

データを機械学習モデルに入力し、活用するまでの流れを 図4.2 に示します。

活用可能なデータ種別は大きく構造化データと非構造化データに分けられ、関係データベースなどに格納されています。このデータは多くの場合、活用しやすいように整形され、データストアやデータマートなどと呼ばれるものに格納されています（本書ではデータの格納等に関しては触れません）。そしてこのデータストアからSQLやPandasを用いて抽出、加工し、機械学習モデルの入力、教師データとして用いる流れになります。

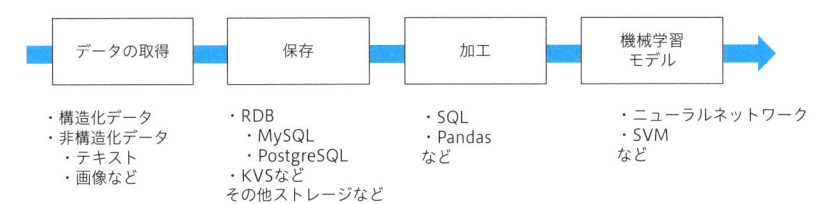

図4.2 データを活用するためのシステムの流れ

本章では、 図4.2 の「加工」における処理を具体例を交えて解説します。主にデータの抽出についてを4.2節で、構造化データの整形についてを4.3節で解説します。また、近年扱うことが増えてきているテキストや画像などの非構造化データの整形の方法について4.4節で簡単に説明します。そして4.5節においてこちらも実務において用いることの多い、不均衡データの扱いについて解説します。

- ●4.2節 データの取得、集計
- ●4.3節 データの整形
- ●4.4節 非構造化データの処理
- ●4.5節 不均衡データの取り扱い

4.2 データの取得、集計

本節では、機械学習で用いるためのデータの収集方法に関していくつか事例を交えて解説します。

4.2.1　データの構造の理解

　実務におけるデータ分析では、第3章で解説した各種モデルを用いて「意思決定に活用する」、「最適であると想定される解を求める」ことがゴールになります。出力から逆算し、最良の出力を求めるための入力となるデータがあることが理想ですが、現実世界では手元にあるデータを整形加工する必要があります。

　本章では、一般的に手に入りやすいデータを構造化データおよび非構造化データの2種類に分けて入力に適した形式に整形する方法を解説します（ 図4.3 ）。

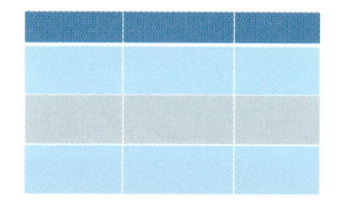

構造化データ

CSV、TSV、Excelや
RDBMSのTableなど表形式のもの

非構造化データ

画像、音声、テキストなど表形式で
表現が難しいもの

図4.3 データの構造

4.2.2 構造化データからのデータ抽出

実務で扱うような構造化データの多くは、表（テーブル）形式で表現できる「関係モデル」、「木構造モデル」（JSONなど）の2種類になります。まず、関係モデルにおいて、実データから機械学習モデルで扱えるようなベクトルを生成するためのベクトル抽出方法を解説します。現実のデータ分析では、関係モデルが格納されたデータベース（リレーショナルデータベース。以下、RDB）からSQLという言語で操作、抽出するパターンとRDBから抽出したデータ（CSVなど）をPandasなどのライブラリを用いて整形する場合があります。本書ではPandasでコードを交えてデータを実用可能な形式に抽出、整形するための方法を解説します。

本書ではPandasについてのみ解説しますが、SQLを習得すると実際のビジネスシーンでは大きく役に立ちます。2010年のはじめより、大規模データ処理基盤の発達により大量のデータを扱うことができるようになりました。そのため、従来のデータベースとは異なる仕組みでの処理になりますが、多くのクエリエンジンはSQLをもとにしているため、簡単なSQLを習得してしまえば応用が利きます。また、SQLに関しては、SQLZOO（ 図4.4 ）というサービスがあるのでこちらでデータ抽出の練習をすることも可能です。

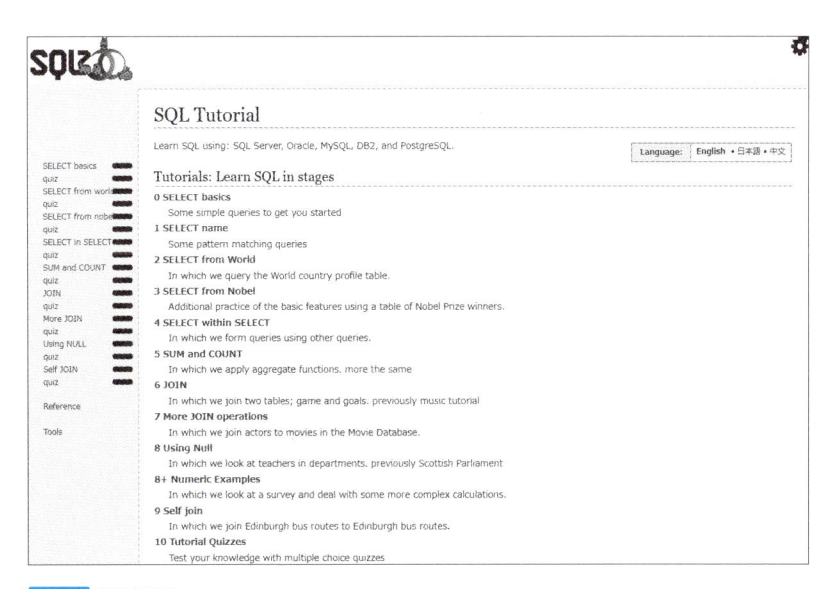

図4.4 SQLZOO

URL　https://sqlzoo.net/

● 関係モデル

　関係モデル（リレーショナルモデル）は、行（レコード）と列（カラム）で構成された表（テーブル）形式で記述可能なデータになります。関係モデルやデータベースに関する本は多く出版されているため、詳細な説明は本書では省きます。商品およびユーザに関するデータの例を 表4.1 に示します（このようなデータをマスタデータなどと呼びます）。

表4.1 items (items.csv)

id	name	price	created_date
1	A	300	2017-02-01
2	B	100	2018-01-05
3	C	500	2018-03-10

　idは商品ID、priceは値段を示す値とします（ 表4.2 ）。

表4.2 users (users.csv)

id	name	age	gender	registration_date
1	たけし	25	male	2018-04-01
2	たかし	55	male	2016-06-24
3	たかこ	38	female	2011-12-02

　idはユーザID、nameはユーザ名、ageはユーザの年齢、genderはユーザの性別、registration_dateはユーザがサービスに登録した日を示す値とします。
　そして購入データが 表4.3 のような形式で存在するとします（このようなデータをトランザクションデータやログデータと呼びます）。

表4.3 logs (logs.csv)

id	item_id	user_id	purchase_number	purchase_datetime
1	2	2	2	2018-01-01 14:59:01
2	1	2	1	2018-02-07 19:23:44
3	3	1	10	2018-02-22 21:02:20
4	2	3	5	2018-03-10 09:41:00
5	3	1	10	2018-04-05 11:35:30

　idは注文ID、item_idは商品ID（itemsのidと同じもの）、user_idはユーザID（usersのidと同じもの）、purchase_numberは購入した商品の数量、purchase_datetimeは購入した時刻を示す値とします。

　トランザクションデータは基本的に記録された後は削除されたり、変化することはなく追加されていきます。反対に、マスタデータは書き換えられることがあります。そのため、分析や機械学習モデル生成の際には特定の時点でのマスタデータを用います（特定の時点でのデータをスナップショットなどとも呼びます）。トランザクションデータは、大規模データ処理基盤ではファクトテーブルなどと呼ばれる場合もあります。マスタデータ（ディメンションデータ）を結合することで意図したデータを抽出する点ではRDBと同様です。

　図4.5 に示す通り、関係モデルでは、複数のテーブルを関連付け結合、操作することができます。機械学習で期待される出力を得るためのデータを抽出する方法を、Pandasで記述していきます。本節ではPandasを用いてCSVでデータを読み込むと仮定してソースを記述します。

id	name	price	created_date
1	A	300	2017-02-01
2	B	100	2018-01-05
3	C	500	2018-03-10

id	name	age	gender	registration_date
1	たけし	25	male	2018-04-01
2	たかし	55	male	2016-06-24
3	たかこ	38	female	2011-12-02

id	item_id	user_id	purchase_number	purchase_datetime
1	2	2	2	2018-01-01 14:59:01
2	1	2	1	2018-02-07 19:23:44
3	3	1	10	2018-02-22 21:02:20
4	2	3	5	2018-03-10 09:41:00
5	3	1	10	2018-04-05 11:35:30

図4.5 関係モデル

4.2.3　抽出

　まず、機械学習のモデルの入力にするために、入力データの抽出が必要になります。問題設定によりますが、多くの場合はデータを全量使うことはありません。例えば、教師あり学習での予測問題においては過去の特定の期間のデータを抽出します。どの期間のどの程度の量を使うかは非常に重要になります。以下にPandasでの抽出方法を記述していきます。

● Pandasでの抽出

　PandasでCSVからデータを抽出する例を解説します（前述の通り、実際には

SQLを用いてデータベースから直接抽出することも多々あります)。

items、users、logsがそれぞれカンマ区切りのファイル（CSV）で与えられた場合を想定します。

```
items.csv
users.csv
logs.csv
```

ここではCSVの例で解説しますが。データ分析の環境ではCSVよりもTSV形式のデータが好まれる傾向にあります。

レコードにテキストや文字列が許される場合に、, が含まれる場合があり、適切に処理をするのが困難なためです。

◉ CSVファイルを読み込む

まず、Pandasを用いてCSVファイルを読み込んでみましょう。なお各CSVファイル（items.csv、users.csv、logs.csv）は、jupyter notebookのファイルがあるディレクトリ（第1章で作成した仮想環境用のディレクトリ直下）に保存してください。

● **pandas.read_csv**
URL https://pandas.pydata.org/pandas-docs/stable/generated/pandas.read_csv.html

CSVファイルを読み込むにはPandasの read_csv 関数を用います。

リスト4.1 のコードを実行すると、TSVをデータフレーム形式で読み込むことができます。

リスト4.1 csvをデータフレーム形式で読み込む

In

```
import pandas as pd
pd.read_csv('items.csv')
```

Out

	id	name	price	created_date
0	1	A	300	2017-02-01
1	2	B	100	2018-01-05
2	3	C	500	2018-03-10

● 簡単なサンプル

先頭のレコード1件を抽出するには、head関数を用います。データの先頭n件を見て概要を把握するのに便利な関数になります（ リスト4.2 ）。

リスト4.2 先頭のレコード1件を抽出する

In
```python
import pandas as pd
items = pd.read_csv('items.csv')
items.head(1)
```

Out

	id	name	price	created_date
0	1	A	300	2017-02-01

リスト4.3 のように：（コロン）を用いた記述でも同様に指定位置から前のレコードを抽出するという結果が得られます。

リスト4.3 別の方法：先頭のレコード1件を抽出する

In
```python
import pandas as pd
items = pd.read_csv('items.csv')
items[:1]
```

Out

	id	name	price	created_date
0	1	A	300	2017-02-01

tail関数を用いることで最後のデータを抽出することもできます（ リスト4.4 ）。

リスト4.4 最後のデータの抽出

In
```python
import pandas as pd
items = pd.read_csv('items.csv')
items.tail(1)
```

Out

	id	name	price	created_date
2	3	C	500	2018-03-10

リスト4.5 のように：（コロン）を用いた記載でも、リスト4.4 と同様の結果が得られます。

リスト4.5 別の方法：最後のデータの抽出

In

```python
import pandas as pd
items = pd.read_csv('items.csv')
items[-1:]
```

Out

	id	name	price	created_date
2	3	C	500	2018-03-10

● 列（カラム）での抽出

列（カラム）を指定しての値の抽出は リスト4.6 の通り行います。

リスト4.6 列（カラム）を指定しての抽出

In

```python
import pandas as pd
items = pd.read_csv('items.csv')
items['name']
```

Out

```
0    A
1    B
2    C
Name: name, dtype: object
```

● 行（レコード）での抽出

行（レコード）での値の抽出は リスト4.7 の通りになります。

リスト4.7 行（レコード）での抽出

In

```python
import pandas as pd
items = pd.read_csv('items.csv')
items[items['name'] == 'A']
```

Out

	id	name	price	created_date
0	1	A	300	2017-02-01

範囲指定も可能になります。

リスト4.8 のような記述ではidが1より大きいレコードを取得することができます。

リスト4.8 idが1より大きいレコードを取得する

In

```python
import pandas as pd
items = pd.read_csv('items.csv')
items[items['id'] > 1]
```

Out

	id	name	price	created_date
1	2	B	100	2018-01-05
2	3	C	500	2018-03-10

また複数条件を指定することも可能になります。idが1より大きい、かつ値段が200より大きい商品を抽出する場合には&を用いて記述します（ リスト4.9 ）。

リスト4.9 複数条件を指定してレコードを取得する

In

```
import pandas as pd
items = pd.read_csv('items.csv')
items[(items['id'] > 1) & (items['price'] > 200)]
```

Out

	id	name	price	created_date
2	3	C	500	2018-03-10

● 並び替え（ソート）

ソートとは順序を並び替える処理です。時間順に並び替える、などの場合に用います。検索やECサイトなどで機能として用いられることも多くあります。

ここでは items を値段順に並べる例を考えましょう。

昇順に並び替える場合は sort_values を用いて **リスト4.10** のように記述できます。

参考　pandas.DataFrame.sort_values
URL　https://pandas.pydata.org/pandas-docs/stable/generated/pandas.DataFrame.sort_values.html

リスト4.10 並び替え（ソート）の例

In

```
import pandas as pd
items = pd.read_csv('items.csv')
items.sort_values(by='price').head(3)
```

Out

	id	name	price	created_date
1	2	B	100	2018-01-05
0	1	A	300	2017-02-01
2	3	C	500	2018-03-10

デフォルトでは昇順になっていますが、ascending のパラメータに False を指定することで降順にすることができます（**リスト4.11**）。

リスト4.11 ascendingのパラメータにFalseを指定する

In

```
import pandas as pd
items = pd.read_csv('items.csv')
items.sort_values(by='price', ascending=False).head(3)
```

Out

	id	name	price	created_date
2	3	C	500	2018-03-10
0	1	A	300	2017-02-01
1	2	B	100	2018-01-05

● ランダムサンプリング

　例では少数のデータですが、実務では、大規模なデータを扱うことも多くあります。また、機械学習においては訓練データとテストデータを別々に用いることも必要になります。そのためにデータをランダムに抽出する方法を **リスト4.12** に示します。

リスト4.12 データをランダムに抽出する方法

In

```
import pandas as pd
logs = pd.read_csv('logs.csv')
logs.sample()
```

Out

	id	item_id	user_id	purchase_number	purchase_datetime
3	4	2	3	5	2018-03-10 09:41:00

　実行するたびに結果が変わります。

　fracに抽出する行・列の割合を指定することもできます（ **リスト4.13** ）。

In

```python
import pandas as pd
logs = pd.read_csv('logs.csv')
logs.sample(frac=0.5)
```

Out

	id	item_id	user_id	purchase_number	purchase_datetime
2	3	3	1	10	2018-02-22 21:02:20
0	1	2	2	2	2018-01-01 14:59:01

参考 pandas.DataFrame.sample
URL https://pandas.pydata.org/pandas-docs/stable/generated/pandas.DataFrame.sample.html

　近年は計算資源が安く潤沢に使える、さらには分散処理の仕組みが容易に用いられるようになったので全数のデータを利用することも多いですが、やはりPythonでいきなりデータを全数は扱えないこともあるので、少ないサンプルでプロトタイプを作成する場合には必要になります。

4.2.4　集約

　データはレコードそのままで役に立つことはほとんどありません。そこで**集約**を行い、ユーザごとやアイテムごと、日別月別にデータを集計することで、結果の解釈性を容易にすることが重要です。集約においては合計を取得する、平均を取得することでデータの性質を理解することができます。

● Pandasでの集約

　Pandasでは`groupby`関数を用いて集約を行います。
　`logs`をユーザ（`user_id`）ごとに集約するためには リスト4.14 のように記述します。

リスト4.14 ユーザごとの購入個数の合計と平均

In

```python
logs.head(1)
```

Out

	id	item_id	user_id	purchase_number	purchase_datetime
0	1	2	2	2	2018-01-01 14:59:01

In

```python
# ユーザごとの購入個数の合計
import pandas as pd
logs = pd.read_csv('logs.csv')
logs.groupby('user_id')['purchase_number'].sum()
```

Out

```
user_id
1    20
2     3
3     5
Name: purchase_number, dtype: int64
```

In

```python
# ユーザごとの購入個数の平均
logs.groupby('user_id')['purchase_number'].mean()
```

Out

```
user_id
1    10.0
2     1.5
3     5.0
Name: purchase_number, dtype: float64
```

　商品ID（`item_id`）ごとの集約も同様に記述できます。抽出や並び替えと合わせて使うことも可能です。

　ユーザ（`user_id`）ごとに平均購入数を降順に並び替える場合には **リスト4.15** のように記述します。

リスト4.15 ユーザごとの購入個数の平均ランキング

In

```
# ユーザごとの購入個数の平均ランキング
logs.groupby('user_id')['purchase_number'].mean().➡
sort_values(ascending=False)
```

Out

```
user_id
1     10.0
3      5.0
2      1.5
Name: purchase_number, dtype: float64
```

また、極端なデータの分布の場合には平均値よりも中央値のほうが役に立つ場合もあります。その場合には、median()を用います。ここでのサンプルとなる関係モデルの場合には出力は変化しません（**リスト4.16**）。

リスト4.16 ユーザごとの購入個数の中央値ランキング

In

```
# ユーザごとの購入個数の中央値ランキング
logs.groupby('user_id')['purchase_number'].median().➡
sort_values(ascending=False)
```

Out

```
user_id
1     10.0
3      5.0
2      1.5
Name: purchase_number, dtype: float64
```

🧊 4.2.5　時間の扱い方

多くのデータでは、usersのregistration_dateやitemsのcreated_dateなどのように時刻が付与されています。構造化されたデータを、機械学習モデルに利用する場合には、1分ごと、1時間ごと、日ごとなどでデータを集計し、利用することがあります。

　時刻の代表的な型の扱い方、時間間隔での区切り方、および抽出方法をそれぞれ解説します。

● 時間の型：文字列からdatetimeへの変換

　購入データが入った logs をデータを見てみると purchase_datetime はstr型になっています（**リスト4.17**）。

リスト4.17 購入データが入ったlogsをデータ

In

```
type(logs['purchase_datetime'][0])
```

Out

```
str
```

　リスト4.17を日時を扱いやすくするためにdatetime型に変換します（**リスト4.18**）。

リスト4.18 日付をdatetime型に変換

In

```
# デフォルト設定
pd.to_datetime(logs['purchase_datetime'][0])
# 詳細指定（結果は同じものが得られる）
pd.to_datetime(logs['purchase_datetime'][0], ➡
format='%Y-%m-%d %H:%M:%S')
```

Out

```
Timestamp('2018-01-01 14:59:01')
```

　`pd.to_datetime()`の返り値としてはTimestamp型になります。そのままでも違和感なく使用できるかと思いますが、to_pydatetime()関数を用いることでdatetime型として扱うことができます（**リスト4.19**）。

リスト4.19 日付をdatetime型として扱う

In

```
pd.to_datetime(logs['purchase_datetime'][0], ➡
format='%Y-%m-%d %H:%M:%S').to_pydatetime()
```

Out

```
datetime.datetime(2018, 1, 1, 14, 59, 1)
```

> 📋 **MEMO**
>
> ### formatで指定している形式
>
> formatで指定している形式に関しては下記のドキュメントを参考にしてください（ **表4.4** ）。
>
> - **8.1.8. strftime() and strptime() Behavior**
>   URL https://docs.python.org/3.6/library/datetime.html#strftime-and-strptime-behavior
>
> **表4.4** users
>
> | 形式 | フォーマット |
> | --- | --- |
> | 西暦年 | %Y |
> | 月 | %m |
> | 日 | %d |
> | 時刻（24時間） | %H |
> | 分 | %M |
> | 秒 | %S |

● UNIXTIME から datetime への変換

通常、我々が目にする時刻は、`datetime`型になっています。対象とする事象によってはそれ以外にも UNIXTIME（1970年1月1日からの経過秒数）を用いている場合もあります。その場合には`pd.to_datetime`の引数に`unit = 's'` を用いて変換します（ **リスト4.20** ）。

リスト4.20 UNIXTIME からの変換

In

```
# 2018-01-01 14:59:01 (JST) のUNIXTIMEは1514786341
pd.to_datetime(1514786341, unit = 's')
```

Out

```
Timestamp('2018-01-01 05:59:01')
```

● timezoneの扱い

　データの前処理を行う場合には、自国のタイムゾーン（JST）を用いる場合がほとんどですが、使用するデータソースにUTC（世界標準時）が混じる場合もあります。その場合、そのままではデータを結合してはいけないのでタイムゾーンをどちらかに合わせて利用します。

　そのときはpytzを用いて変換できます（**リスト4.21**）。

リスト4.21 pytzを用いて変換

In

```
from pytz import timezone
timezone('Asia/Tokyo').localize(pd.to_➡
datetime(logs['purchase_datetime'][0], ➡
format='%Y-%m-%d %H:%M:%S'))
```

Out

```
Timestamp('2018-01-01 14:59:01+0900', tz='Asia/Tokyo')
```

　このようにタイムゾーンを明示的にしていることで時刻の変換のミスを少なくすることができます。データフレームに適用して利用します（**リスト4.22**）。

リスト4.22 データフレームに適用

In

```
logs['purchase_datetime'] = pd.to_➡
datetime(logs['purchase_datetime'], ➡
format='%Y-%m-%d %H:%M:%S')
logs['purchase_datetime'] = logs['purchase_datetime'].➡
apply(lambda x: timezone('Asia/Tokyo').localize(x))
logs['purchase_datetime']
```

Out

```
0    2018-01-01 14:59:01+09:00
1    2018-02-07 10:23:44+00:00
2    2018-02-22 21:02:20+09:00
3    2018-03-10 09:41:00+09:00
4    2018-04-05 11:35:30+09:00
Name: purchase_datetime, dtype: datetime64[ns, Asia/Tokyo]
```

In

```
logs['purchase_datetime_utc'] = logs[➡
'purchase_datetime'].apply(lambda x: x.astimezone('UTC'))
logs['purchase_datetime_utc']
```

Out

```
0    2018-01-01 05:59:01+00:00
1    2018-02-07 10:23:44+00:00
2    2018-02-22 12:02:20+00:00
3    2018-03-10 00:41:00+00:00
4    2018-04-05 02:35:30+00:00
Name: purchase_datetime_utc, dtype: datetime64[ns, UTC]
```

このように JST<=>UTC を相互に変換することができます。

◉ 単位時間での集計

さて、時刻を変換することができたので groupby を用いた集約をしてみま
しょう（リスト4.23）。

リスト4.23 groupby を用いた集約

In

```
logs.groupby('purchase_datetime')['purchase_number'].sum()
```

Out

```
purchase_datetime
2018-01-01 14:59:01+09:00     2
2018-02-07 19:23:44+09:00     1
2018-02-22 21:02:20+09:00    10
```

```
2018-03-10 09:41:00+09:00      5
2018-04-05 11:35:30+09:00      10
Name: purchase_number, dtype: int64
```

このままでは秒ごとの集計になってしまうので、新たなカラムとして、年と月を示すカラム purchase_year と月を示すカラム purchase_month を作成しましょう（**リスト4.24**）。

リスト4.24 年を示すカラム purchase_year と月を示すカラム purchase_month を作成

In

```
logs['purchase_year'] = logs['purchase_datetime'].➡
apply(lambda x: x.year)
logs['purchase_month'] = logs['purchase_datetime'].➡
apply(lambda x: x.year)
```

それぞれで groupby による集約を行うことができます（**リスト4.25**）。

リスト4.25 groupby による集約を行う

In

```
# 年ごと
by_year = logs.groupby('purchase_year')➡
['purchase_number'].sum()

# 月ごと
by_month = logs.groupby('purchase_month')➡
['purchase_number'].sum()

# 年月ごと
by_year_month = logs.groupby(['purchase_year', ➡
'purchase_month'])['purchase_number'].sum()
```

同様に時間ごとや日ごとにも集計することが可能です。

🎲 4.2.6 結合

　関係モデルでは、マスタデータとログデータを結合して用います。結合にはPandasの`merge`関数を用います。

　今までに示した`logs`の例では、個数はわかっても値段や、何歳の顧客が買ったのかはわかりません。そこで結合して、リスト4.26のように購入データにアイテム情報を付与することができます。

リスト4.26 購入データにアイテム情報を付与する

In

```
users = pd.read_csv('users.csv')
logs.merge(items, left_on='item_id', right_on='id')
```

Out

	id_x	item_id	user_id	purchase_number	purchase_datetime	purchase_datetime_utc
0	1	2	2	2	2018-01-01 14:59:01+09:00	2018-01-01 05:59:01+00:00
1	4	2	3	5	2018-03-10 09:41:00+09:00	2018-03-10 00:41:00+00:00
2	2	1	2	1	2017-04-07 19:23:44+09:00	2017-04-07 10:23:44+00:00
3	3	3	1	10	2018-02-22 21:02:20+09:00	2018-02-22 12:02:20+00:00
4	5	3	1	10	2018-04-05 11:35:30+09:00	2018-04-05 02:35:30+00:00

purchase_year	purchase_month	id_y	name	price	created_date
2018	2018	2	B	100	2018-01-05
2018	2018	2	B	100	2018-01-05
2017	2017	1	A	300	2017-02-01
2018	2018	3	C	500	2018-03-10
2018	2018	3	C	500	2018-03-10

　さらに、結合ののちに集約を行うことでアイテムごとの売上を出すことができます（リスト4.27）。

リスト4.27 アイテムごとの売上を出す

In

```
item_logs = logs.merge(items, left_on='item_id', ➡
right_on='id', suffixes=('_logs','_items'))
user_logs = item_logs.merge(users, left_on='user_id', ➡
right_on='id', suffixes=('','_users'))
# ユーザごとの売上
user_logs.groupby('name_users')['price'].sum()
```

Out

```
name_users
たかこ      100
たかし      400
たけし     1000
Name: price, dtype: int64
```

同様にusersテーブルのgenderカラムを用いることによって性別ごとの売上を出すことも可能になります（**リスト4.28**）。

リスト4.28 性別ごとの売上を出す

In

```
# 性別ごとの売上
user_logs.groupby('gender')['price'].sum()
```

Out

```
gender
female    100
male     1400
Name: price, dtype: int64
```

merge関数の引数の詳細については下記を参考にしてください。

● **pandas.DataFrame.merge**
  URL https://pandas.pydata.org/pandas-docs/stable/generated/pandas.DataFrame.merge.
  html

4.3 データの整形

本節では、データを機械学習で用いるために整形する方法についていくつか事例を交えて解説します。

4.3.1 データの種類（尺度水準）の理解

データを適切に整形し機械学習で用いるには、まず、データの種類を理解する必要があります。

4.2節で用いた、例えばシンプルなユーザのデータを考えてみましょう（**表4.5**）。

表4.5 users (users.csv)

id	name	age	gender	registration_date
1	たけし	25	male	2018-04-01
2	たかし	55	male	2016-06-24
3	たかこ	38	female	2011-12-02

データの型を考えると、idとageはint型、nameとgenderはstr型、registration_dateはdate型になります。しかし、尺度水準として考えると、id、name、genderは名義尺度、registration_dateは間隔尺度、ageは比例尺度になります。それぞれの、尺度水準の扱い方を以降で解説します。

● 名義尺度

表4.5 のnameのようなユーザの名前、曜日などが名義尺度（カテゴリカルデータ）になります。また、データベースなどを扱う際に出現するidなどは一見数値型ですので、プログラムの上では割り算や足し算ができるし、本書で紹介するような関数の入力として用いることができます。しかし、大小比較や差、割合に意味はありません。変数が一致するかそうでないかでのみ用いることができます。そのため、出現回数などをカウントすることで利用します。具体的にはユーザのnameごとに4.2節で紹介した集約や結合を行い特徴量とします。また、商品や曜日などの名義尺度はダミー化（one-hot）することで扱うこともできます。

◉ 順位尺度

アンケートを数値で表したものや地震の震度、ランキングは順位尺度になります。大小比較は意味がありますが、足し算および集計した際の平均値には意味がありません。中央値は意味があります。

◉ 間隔尺度

日付や温度などが間隔尺度になります。差には意味がありますが、割合には意味がありません。**表4.5** の registration_date が間隔尺度になります。機械学習などに用いる際は、特定の日付からの差などに変換することで、次ページで説明する比率尺度として扱うことができます。

間隔尺度を比率尺度で扱う場合の例を **リスト4.29** に示します。ここではデータの中で最小の日付を基準（0）とする場合を考えます。

リスト4.29 間隔尺度を比率尺度で扱う場合の例

In

```
import pandas as pd
users = pd.read_csv('users.csv')
users['registration_date'] = pd.to_datetime(➡
users['registration_date'], format='%Y-%m-%d')
mindate = users['registration_date'].min()
```

In

```
mindate
```

Out

```
Timestamp('2011-12-02 00:00:00')
```

pd.Timedelta、さらには days 関数を用いて最小の日付の差分に変換します（**リスト4.30**）。

リスト4.30 最小の日付の差分に変換

In

```
users['registration_date_diff'] = users['registration_➡
date'].apply(lambda x: pd.Timedelta(x - mindate).days)
```

In

```
users['registration_date_diff']
```

Out

```
0    2312
1    1666
2       0
Name: registration_date_diff, dtype: int64
```

　このように比率尺度として扱うことができるので後述の標準化などを行うこともできます。比率尺度である年齢（usersの例でいえばage）も誕生日という間隔尺度から現在の日付の差分を考えることもできます。

　また、4.2節で登場したUNIXTIMEも基準年月（1970年1月1日）からの経過秒数で定義されています。

● 比率尺度

　表4.5 の年齢、表4.6 の値段などが比率尺度になります。大小関係、差、比にも意味があるような尺度で、「0」にも意味があります。例えば、「Aの値段は、Bの値段の3倍」という表現をすることが可能です。

表4.6　items (items.csv)

id	name	price	created_date
1	A	300	2017-02-01
2	B	100	2018-01-05
3	C	500	2018-03-10

● ダミー変数

　曜日などの名義尺度は直接扱うことが難しいため、ダミー変数化[1]をする必要があります。また、集約などでも出現回数などをカウントすることで比率尺度として扱うことができるようになります（表4.7）。

※1　ダミー変数化とは数字ではないデータを数字に置き換えることです。

表4.7 ダミー変数のデータ（weekday.csv）

date	weekday
2018−05−14	月
2018−05−15	火
2018−05−16	水
2018−05−17	木
2018−05−18	金
2018−05−19	土
2018−05−20	日

　表4.7 のようなデータがあった場合、`get_dummies`を用いて変換すること
で、数値データとして扱うことができます（**リスト4.31**）。なおCSVファイル
（weekday.csv）は、jupyter notebookのファイルがあるディレクトリに保存し
てください。

リスト4.31 get_dummiesを用いて変換

In

```
import pandas as pd
weekday = pd.read_csv('weekday.csv')
dummy = pd.get_dummies(weekday[['weekday']])
```

In

```
dummy
```

Out

	weekday_土	weekday_日	weekday_月	weekday_木	weekday_水	weekday_火	weekday_金
0	0	0	1	0	0	0	0
1	0	0	0	0	0	1	0
2	0	0	0	0	1	0	0
3	0	0	0	1	0	0	0
4	0	0	0	0	0	0	1
5	1	0	0	0	0	0	0
6	0	1	0	0	0	0	0

🔷 4.3.2 標準化

　データを標準偏差：1、平均：0に変換することを標準化と呼びます。カラムごとの平均や分布が大きく異なる場合に用います。例えば、k-平均法などではデータ間の距離を用いてグループ化を行います。そのため、特徴量ごとの平均や分散に大きな差がある場合に標準化をしないと、特定の特徴に偏ったグループ化が行われてしまいます。

　標準データ $X = (x_1, x_2, \cdots, x_i)$ の標準化後の値を z とした場合に下記の式で表現できます。

$$z_i = \frac{x_i - \mu}{\sigma}$$

μ：平均　σ：標準偏差

　標準化の例として **表4.8** の身体測定のデータがあった場合に標準化する場合を考えます。`sklearn.preprocessing` の `StandardScaler` を用いて算出します（**リスト4.32**）。

　なおCSVファイル（height_weight.csv）は、jupyter notebookのファイルがあるディレクトリに保存してください。

表4.8 身体測定のデータ（height_weight.csv）

id	height	weight
1	180	80
2	175	85
3	170	70
4	155	60
5	167	63
6	163	68
7	186	100

リスト4.32 標準化する場合

In

```
import pandas as pd
from sklearn.preprocessing import StandardScaler
height_weight = pd.read_csv('height_weight.csv')
scaler = StandardScaler()
scaler.fit(height_weight[['height','weight']])
height_weight['standalized_height'] = [x[0] for x in ➡
scaler.transform(height_weight[['height','weight']])]
height_weight['standalized_weight'] = [x[1] for x in ➡
scaler.transform(height_weight[['height','weight']])]
```

In

```
height_weight
```

Out

	id	height	weight	standalized_height	standalized_weight
0	1	180	80	0.942400	0.372079
1	2	175	85	0.427025	0.755102
2	3	170	70	−0.088350	−0.393966
3	4	155	60	−1.634475	−1.160012
4	5	167	63	−0.397575	−0.930199
5	6	163	68	−0.809875	−0.547176
6	7	186	100	1.560850	1.904171

　以上の処理を用いることで体重と身長のような異なるデータを比較することができます。標準化後の数字を比較することでid=1は身長の割には体重が少なく、id=6は身長の割に体重が多いなどの比較をすることができます。

🔷 4.3.3　欠損値の扱い

　読み込んだデータに欠損値がある場合について解説します。Pandasでは欠損値をNaN（Not a Number）を示して表現します（**リスト4.33**）。

リスト4.33 欠損のあるデータの場合

In

```
import numpy as np
string_array = pd.DataFrame({'name': ['test1', np.nan, ➡
'test2', 'test3']})
```

In

```
string_array
```

Out

	name
0	test1
1	NaN
2	test2
3	test3

● 欠損値の抽出

欠損値であるNaNの抽出には`isnull`関数を用います（リスト4.34）。また、`notnull`関数でNaNでないものを抽出することもできます（リスト4.35）。

リスト4.34 NaNの抽出

In

```
string_array.isnull()
```

Out

	name
0	False
1	True
2	False
3	False

リスト4.35 NaNでないものを抽出

In

```
string_array.notnull()
```

Out

	name
0	True
1	False
2	True
3	True

● 欠損値の削除

欠損値は前述の`isnull`関数を用いて削除することもできますが、`dropna`関数を用いると簡単にNaNであるレコード以外のレコードだけを抽出することができます（リスト4.36）。

リスト4.36 NaNであるレコード以外のレコードだけを抽出

In

```
string_array.dropna()
```

Out

	name
0	test1
2	test2
3	test3

　複数カラムのデータフレームの場合には引数axisを活用することで列を削除することもできます。

● 欠損値の補完

　欠損値の補完にはfillna関数が便利です。欠損値を引数で指定した値で置き換えることができます（**リスト4.37**）。

リスト4.37 欠損値を引数で指定した値で置き換える

In

```
string_array.fillna('err')
```

Out

	name
0	test1
1	err
2	test2
3	test3

　また、平均値などで置き換えることもできます。前述の身長と体重の例で試すと**リスト4.38**のようになります。

In

```python
import pandas as pd
from sklearn.preprocessing import StandardScaler
height_weight = pd.read_csv('height_weight.csv')
height_weight['height'][2] = np.nan # 試しにNaNで置き換える
```

In

```python
height_weight['height']
```

Out

```
0    180.0
1    175.0
2      NaN
3    155.0
4    167.0
5    163.0
6    186.0
Name: height, dtype: float64
```

In

```python
height_weight['height'].fillna(height_weight➡
['height'].mean())
```

Out

```
0    180.0
1    175.0
2    171.0
3    155.0
4    167.0
5    163.0
6    186.0
Name: height, dtype: float64
```

　このように平均値で値を置き換えることができます。活用したい状況に応じて`dropna`、`fillna`さらにはどのような定数で置き換えるかを使い分けることができます。

4.4 非構造化データの処理

本節では、数値や日時以外の非構造化データに関しての整形の方法について解説します。

4.4.1 テキストデータの前処理

テキストデータをコンピュータを用いて処理することを自然言語処理といいます。

◉ 形態素解析

テキストデータを処理する際の最も単純な方法はテキストを単語に分割することです。英語などの場合はスペースで単語に分割できますが、日本語や中国語などの言語ではそう単純ではありません。

そこで用いるのが形態素解析器です。形態素解析とは文を意味を持つ対象単位である形態素に分割し、形態素の品詞を推定する技術です。

厳密には形態素は必ずしも単語ではありませんが、本書ではそこまで言及しないこととします。日本語の形態素解析器には様々なものがありますが、本書ではMeCabを用います。

4.4.2 ターミナルからMeCabを利用する

ここではターミナルからMeCabを利用する方法を紹介します。

◉ Mecabをインストールする

まずMecabを以下のコマンドでインストールします。

[ターミナル]

```
(env) $ brew install mecab
```

また形態素解析を用いるためには形態素と品詞を定めた辞書が必要です。IPA辞書[2]をインストールしましょう。

[ターミナル]

```
(env) $ brew install mecab-ipadic
```

Mecabをターミナルで使ってみましょう。

[ターミナル]

```
(env) $ mecab
今日はいい天気ですね
今日    名詞,副詞可能,*,*,*,*,今日,キョウ,キョー
は      助詞,係助詞,*,*,*,*,は,ハ,ワ
いい    形容詞,自立,*,*,形容詞・イイ,基本形,いい,イイ,イイ
天気    名詞,一般,*,*,*,*,天気,テンキ,テンキ
です    助動詞,*,*,*,特殊・デス,基本形,です,デス,デス
ね      助詞,終助詞,*,*,*,*,ね,ネ,ネ
EOS
```

このように形態素解析を行うことができます。

● neologdを利用する

IPA辞書は最もオーソドックスで信頼できる辞書であるといえますが、1998年に公開されたものであり、新しい語を認識することができません。

そうした新しい語に対応した辞書としてneologdがあります。neologdは継続的に更新されているため新しい語を含むデータの分析において非常に有用です。一方で新語の品詞への対応付けが不十分という課題があり、ユースケースに適切かどうかを判断する必要があるでしょう。

まず以下のコマンドでneologdをインストールします。

[ターミナル]

```
(env) $ git clone  https://github.com/neologd/mecab-➡
ipadic-neologd.git
```

※2　形態素解析Mecabで用いることができる日本語の単語および品詞が格納された辞書。

[ターミナル]

```
(env) $ cd mecab-ipadic-neologd
```

　最新版の辞書を以下のコマンドでダウンロードします。以下のコマンドの後、インストールするかどうかyes/noのメッセージが出ますので、yesと入力して処理を進めてください。

[ターミナル]

```
(env) $ ./bin/install-mecab-ipadic-neologd -n
```

　無事インストールできると、次のコマンドで利用できるようになります。

[ターミナル]

```
(env) $ mecab -d ＜neologdをインストールしたディレクトリのパス*3＞
```

　実際に利用してみましょう。

[ターミナル]

```
日本シリーズでソフトバンクが勝利
日本シリーズ　　名詞,固有名詞,一般,*,*,*,日本シリーズ,ニッポンシリー→
ズ,ニッポンシリーズ
で　　　　　　　助詞,格助詞,一般,*,*,*,で,デ,デ
ソフトバンク　　名詞,固有名詞,組織,*,*,*,ソフトバンク,ソフトバンク,→
ソフトバンク
が　　　　　　　助詞,格助詞,一般,*,*,*,が,ガ,ガ
勝利　　　　　　名詞,サ変接続,*,*,*,*,勝利,ショウリ,ショーリ
```

4.4.3　PythonからMecab利用する

　ここではPythonのコードからMecabを利用する方法を紹介します。

※3　インストールが終了した後に、以下のようなコマンドとディレクトリを含んだパスが表示されますのでそちらを入力してください。

```
(env) $ mecab -d /usr/local/lib/mecab/dic/mecab-ipadic-neologd
```

● PythonでMecabを利用する

PythonでMecabを利用するには以下のコマンド[4]を実行します。

[ターミナル]

```
(env) $ brew install swig
(env) $ pip install mecab-python3
```

実際にコードで実行してみましょう。 リスト4.39 のようにスペース区切りで単語を分解することが可能です。

リスト4.39 スペース区切りで単語を分解

In

```
import MeCab
m = MeCab.Tagger('-Owakati -d <neologdをインストールした➡
ディレクトリのパス>')
m.parse("日本シリーズでソフトバンクが勝利")
```

Out

```
'日本シリーズ で ソフトバンク が 勝利 \n'
```

また リスト4.40 のように記述することで、半角スペース区切りで単語を分解できます。

リスト4.40 半角スペース区切りで単語を分解

In

```
m.parse("日本シリーズでソフトバンクが勝利").split(' ')
```

Out

```
['日本シリーズ', 'で', 'ソフトバンク', 'が', '勝利', '\n']
```

さらに名詞だけをカウントすることも可能です（ リスト4.41 ）。

---

[4] swigを入れてもmecab-python3のインストールに失敗する場合はhttps://developer.apple.com/download/more/か らCommand_Line_Tools_macOS_10.13_for_Xcode_9.4.1/Command_Line_Tools_macOS_10.13_for_Xcode_9.4.1.dmgをダウンロードしてインストールしてください。

リスト4.41 名詞だけをカウントする[5]

In

```
nodes = m.parseToNode("日本シリーズでソフトバンクが勝利")
surfaces = []
while nodes:
    if nodes.feature[:2] == '名詞':
        surfaces.append(nodes.surface)
    nodes = nodes.next
print(surfaces)
```

Out

```
[' 日本シリーズ ', 'ソフトバンク ', '勝利']
```

次に文書をベクトルにしてみましょう。これまで本書で繰り返し紹介してきた通り、機械学習においてはデータをベクトル化する必要があります。

いくつか方法はありますが、まず最も単純な方法として、それぞれの単語を次元としてベクトル化する Bag of Words[6] の形式を示します。

Bag of Words の形にすると単語の順番を考慮することができませんが、多くのタスクで成果を上げている古くから使われている手法です。

Bag of Words における各次元の値としてまず最も単純である出現する単語の数を用います。

単語のベクトル化においては sklearn の eature_fextraction.text に便利な関数が用意されています。**リスト4.42** では3つの文書をベクトル化します。

リスト4.42 3つの文章をベクトル化する

In

```
import MeCab
from sklearn.feature_extraction.text import ➡
CountVectorizer
```

---

[5] Outの結果が、['日本シリーズでソフトバンクが勝利','シリーズでソフトバンクが勝利','ソフトバンクが勝利','勝利'] などのように表示される場合は、バグの可能性があります。バグへの対応は、以下のサイトをなどを参考にしてください。

● **MeCabでsurface が想定通りの結果にならないバグ**
　URL　https://qiita.com/rinatz/items/410dd55e98f1eddc8071

[6] 該当する文書に単語が含まれているかどうかを指します。

```
count_vectorizer = CountVectorizer()
doc_1 = m.parse("日本シリーズでソフトバンクが勝利")
doc_2 = m.parse("ソフトバンクが新機種を発売")
doc_3 = m.parse("錦織圭が勝利")
vectors = count_vectorizer.fit_transform([doc_1, ➡
doc_2, doc_3])
vectors.toarray(), count_vectorizer.get_feature_names()
```

Out

```
(array([[1, 1, 0, 1, 0, 0],
        [1, 0, 1, 0, 1, 0],
        [0, 1, 0, 0, 0, 1]], dtype=int64),
 ['ソフトバンク', '勝利', '新機種', '日本シリーズ', '発売', ➡
 '錦織圭'])
```

リスト4.42 にあるvectorsが文書-単語の行列です。各次元がどの単語に対応しているかはcount_vectorizer.get_feature_names()で確認することができます。ソフトバンクがdoc_1、doc_2に含まれており、0番目の単語がソフトバンクのため、doc_1、doc_2の0番目の値が1となっています。

出現回数をもとにしたベクトル表現の場合、多くの文書に数多く出現する単語の影響が大きくなります。しかし文書を分類したり、分析したりする際には、その文章の特徴を表現したベクトルを作る必要があります。その文章を特徴付ける単語に対応する次元の値が大きい値になることで、文書の特徴をベクトル化することができます。

ここで文書を特徴付ける単語を、「多くの文書には出現しないが、その文書には出現する単語」であると考えます。このような特徴を表現するための重み付け手法がTerm Frequency - Inverse Document Frequency（TF-IDF）です。TF-IDFは以下の式で表現されます。

$$\text{tfidf}(w, d) = \text{tf}(w, d)\text{idf}(w)$$

$$\text{tf}(w, d) = \frac{n_{w,d}}{\sum_{d_i \in D} n_{w,d_i}}$$

$$\text{idf}(w) = \log \frac{|D|}{|d_i \in D : w \in d_i|}$$

ここでwは単語、dは文書、Dは文書の集合を指します。

$\mathrm{tf}(w, d)$は文書dに出現する単語wの出現回数を全文書Dに出現する単語wの数で割ったもので、文書dに単語wがどの程度出現したのかを表しています。

$\mathrm{idf}(w)$は全文書の数から単語wを含む文書数で割ったものを対数化したものであり、単語wが出現する文書が全文書の中で少なければ少ないほど大きな値になります。つまり、$\mathrm{idf}(w)$は単語wが全文書中でどのぐらい珍しいかを表しています。$\mathrm{tfidf}(w, d)$は文書dに出現する単語wが文書dにどのぐらい出現し、そして全体の中でどれだけ珍しいかをかけ合わせたものです。これによってその単語wが文書dにとってどれだけ特徴的な単語かを表現しようとしています。

◉ 文書分類を行う

TF-IDFによる重み付けの効果を測るために文書分類のタスクに取り組んでみましょう。

NHN社が公開しているデータセットであるlivedoorニュースコーパスを用います。livedoorニュースコーパスには9つのメディアのニュース記事が7367件含まれています。このデータセットのニュース記事がどのメディアの記事なのかを予測するタスクを出現頻度を用いた場合とTF-IDFを用いた場合で比較してみましょう（ リスト4.43 、 リスト4.44 、 リスト4.45 ）。なおダウンロードして解凍したデータ（「dokujo-tsushin」「it-life-hack」「kaden-channel」「livedoor-homme」「movie-enter」「peachy」「smax」「sports-watch「topic-news」各フォルダ）は、jupyter notebookのファイルがあるディレクトリに「livedoor_newscorpus」フォルダを作成して、そのフォルダ内に保存してください。

- ● livedoor ニュースコーパス
  URL https://www.rondhuit.com/download/ldcc-20140209.tar.gz

リスト4.43 データセットのニュース記事がどのメディアの記事なのかを予測する準備

In

```python
import os
import MeCab
from sklearn.feature_extraction.text import (
    CountVectorizer,
    TfidfVectorizer,
)
from sklearn.linear_model import LogisticRegression
from sklearn.model_selection import cross_val_score
```

```python
MEDIA_LIST = [
    'dokujo-tsushin',
    'it-life-hack',
    'kaden-channel',
    'livedoor-homme',
    'movie-enter',
    'peachy',
    'smax',
    'sports-watch',
    'topic-news',
]


def get_title_from_txt(txt):
    title = ' '.join(txt.split('\n')[2:])
    return title


def load_livedoornews_corpus():
    corpus = []
    for media_idx, media in enumerate(MEDIA_LIST):
        for filename in os.listdir( ➡
'./livedoor_newscorpus/{}/'.format(media)):
            txt = open('./livedoor_newscorpus/{}/{}'. ➡
format(media, filename), encoding="utf8", ➡
errors='ignore').read()
            title = get_title_from_txt(txt)
            corpus.append((media_idx, title))
    return corpus
```

In

```python
corpus = load_livedoornews_corpus()
media_labels = []
docs = []
m = MeCab.Tagger('-Owakati -d ＜neologdをインストールした➡
ディレクトリのパス＞')
```

```
for media_idx, title in corpus:

    media_labels.append(media_idx)
    words = m.parse(title)
    docs.append(words)

count_vectorizer = CountVectorizer()
count_vectors = count_vectorizer.fit_transform(docs)

tfidf_vectorizer = TfidfVectorizer()
tfidf_vectors = tfidf_vectorizer.fit_transform(docs)
```

リスト4.44 出現頻度を用いた場合

In

```
model = LogisticRegression(multi_class='multinomial', ➡
solver='lbfgs', max_iter=300)
cross_val_score(model, count_vectors, media_labels, cv=5)
```

Out

```
array([0.94328157, 0.95389831, 0.95658073, 0.95247794, ➡
0.9389002 ])
```

リスト4.45 TF-IDFを用いた場合

In

```
model = LogisticRegression(multi_class='multinomial', ➡
solver='lbfgs', max_iter=300)
cross_val_score(model, tfidf_vectors, media_labels, cv=5)
```

Out

```
array([0.91762323, 0.92067797, 0.92740841, 0.92600136, ➡
0.9137814 ])
```

リスト4.44と**リスト4.45**を比べると、TF-IDFのほうが分類精度が低い結果となりました。これはlivedoorニュースコーパスが配信元メディアの分類問題になっているため、全体として出現頻度の高い語がすでにメディアの特徴となっていた

と考えられます。

　TF-IDFは自然言語処理ではよく紹介される手法ですが、その効果はタスクやデータセットによって異なることを留意しておく必要があります。これはTF-IDFに限ったことではなく、機械学習の手法全般にいえることです。

🔷 4.4.4　画像データの処理

　ここでは画像データを処理する例を示します。画像にはいくつかのファイル形式がありますが、今回は手書き文字認識（MNIST）のjpgデータを処理する例を解説します。

● MNISTのデータのダウンロード

　MNISTのデータは 以下のサイトからダウンロードすることができますが、sklearnのdatasetsから用いることでも可能です。

- **THE MNIST DATABASE of handwritten digits**
  URL　http://yann.lecun.com/exdb/mnist/

まずは **リスト4.46** のようにMNISTのデータをダウンロードします。

リスト4.46 MNISTのデータをダウンロード

In

```
from sklearn import datasets
mnist = datasets.fetch_mldata('MNIST original', ➡
data_home='data/') ➡
# data_homeでダウンロードするディレクトリを指定することができる
print(mnist.data[1] )
```

Out

```
[  0   0   0   0   0   0   0   0   0   0   0   0   0  ➡
 0   0   0   0   0
   0   0   0   0   0   0   0   0   0   0   0   0   0  ➡
 0   0   0   0   0
   0   0   0   0   0   0   0   0   0   0   0   0   0  ➡
 0   0   0   0   0
   0   0   0   0   0   0   0   0   0   0   0   0   0  ➡
 0   0   0   0   0
```

0	0	0	0	0	0	0	0	0	0	0	0	0		➡
0	0	0	0	0										
0	0	0	0	0	0	0	0	0	0	0	0	0		➡
0	0	0	0	0										
0	0	0	0	0	0	0	0	0	0	0	0	0		➡
0	0	0	0	0										
0	0	0	64	253	255	63	0	0	0	0	0	0		➡
0	0	0	0	0										
229	168	15	0	0	0	0	0	0	0	0	0	0		➡
0	0	0	0	0										
0	0	0	0	0	95	212	251	211	94	59	0	0		➡
0	0	0	0	0										
0	0	0	0	0	0	0	0	0	0	0	0	0		➡
0	0	0	0	0										
0	0	0	0	0	0	0	0	0	0	0	0	0		➡
0	0	0	0	0										
0	0	0	0	0	0	0	0	0	0	0	0	0		➡
0	0	0	0	0										
0	0	0	0	0	0	0	0	0	0	0	0	0		➡
0	0	0	0	0										
0	0	0	0	0	0	0	0	0	0	0	0	0		➡
0	0	0	0	0										
0	0	0	0	0	0	0	0	0	0]					

(…略…)

データ数は リスト4.47 のコマンドで確認できます。

リスト4.47 データのカウント

In

```
len(mnist.data[0] )
```

Out

784

● 画像データの取得・サイズの確認・データの入出力への利用

sklearnで取得できるMNISTの画像データは**byte**型のデータになります。実際扱うデータはjpg形式などの場合が多いかと思いますので、Pillowというライブラリを用いてjpg画像を展開する例を示します。Pillowは**pip**コマンドでインストールすることが可能です。

［ターミナル］

```
(env) $ pip install Pillow
```

MNISTの元データとなるjpgの画像は下記のURLからダウンロードすることが可能です。なおデータをダウンロードするにはKaggleへのアカウントの登録が必要です。なおダウンロードして解凍したデータ（「testSample」「trainingSample」の各フォルダ）は、jupyter notebookのファイルがあるディレクトリに保存してください。

- ● **MNIST as .jpg**
  URL　https://www.kaggle.com/scolianni/mnistasjpg

リスト4.48 のように記述すると、画像データを取得できます。

リスト4.48 画像データの取得

In

```python
from PIL import Image
import numpy as np

img = Image.open('testSample/img_1.jpg')
img
```

Out

画像のサイズは リスト4.49 のように記述することで取得できます。

リスト4.49 画像サイズの取得

In

```
img.size
```

Out

```
(28, 28)
```

リスト4.50 のように記述することで機械学習のデータの入出力に利用することができます。

リスト4.50 データの入出力

In

```
img_array = []
for y in range(img.size[0]):
    for x in range(img.size[1]):
        img_array.append(img.getpixel((x,y)))
```

In

```
data = np.array(img_array)
```

In

```
data
```

Out

```
array([ 0,   0,   0,   0,   0,   0,   0,   0,   0,  ➡
1,   3,   0,   0,
        4,   2,   0,  11,   0,   0,  14,   1,   0,  ➡
19,   0,   0,   0,
        0,   0,   0,   0,   0,   0,   0,   0,   0,  ➡
0,   0,  12,   0,
        0,   7,   0,   1,  10,   0,   2,   2,  16,  ➡
0,   3,   3,   0,
        0,   0,   0,   0,   0,   0,   0,   0,   0,  ➡
0,   0,   0,   7,
        8,   0,   8,   0,   0,   8,   0,   0,  19,  ➡
0,   0,   1,  21,
```

```
        0,   4,   0,   0,   0,   0,   0,   0,   0,  ➡
0,   0,   0,   0,
        0,   0,   0,   1,   0,   0,   1,   0,   0,  ➡
0,   0,   0,  11,
        0,   0,   0,   0,   0,   0,   0,   0,   0,  ➡
0,   0,   0,   0,
        0,   0,   0,   0,   0,   0,   0,   0,   0,  ➡
0,   0,   0,   0,
        0,   0,   0,   0,   0,   0,   0,   0,   0,  ➡
0,   0,   0,   0,
        0,   0,   0,   0,   0,   0,   0,   0,   0,  ➡
0,   0,   0,   0,
        0,   0,   0,   0,   0,   0,   0,   0,   0,  ➡
0,   0,   0,   0,
        0,   0,   0,   0,   0,   0,   0,   0,   0,  ➡
0,   0,   0,   0,
        0,   0,   0,   0,   0,   0,   0,   0,   0,  ➡
0,   0,   0,   0,
        0,   0,   0,   0,   0,   0,   0,   0,   0,  ➡
0,   0,   0,   0,
        0,   0,   0,   0])
```
(…略…)

4.5 不均衡データの取り扱い

ここでは、実務現場で頻繁に出会う不均衡データの取り扱いについて学びます。不均衡データはその特性上機械学習モデルの性能に深く関わっており、知識がないまま取り扱うのは非常に危険です。

4.5.1 分類問題における不均衡データ

ここでは特に分類問題を考えます。与えられたデータ $D = \{(x_1, y_1), \ldots, (x_N, y_N)\} \subset \mathbb{R}^n \times S$ を用いて、$x \in \mathbb{R}^n$ が与えられたときの $y \in S$ の条件付き確率 $p(Y = y \mid X = x)$ を近似するモデルを構築することが分類問題であることを思い出しましょう。

各ラベルに対応するサンプルの集合は以下のような式で求めることができます。

$$D_y := \{(x_i, y_i) \in D \mid y_i = y\} \subset D, \quad y \in S$$

上記の大きさがラベル $y \in S$ によって異なる場合、データ D を不均衡データと呼びます。不均衡データは、実社会では非常にありふれた一般的なものです。

例えばクレジットカードの取引記録の中から不正な取引を検出するような問題を考えてみましょう。この問題は正常取引 $(y = 0)$ と不正取引 $(y = 1)$ の2値分類問題になるわけですが、正常取引のほうが不正なものに比べて圧倒的に多数であるため、$\#D_0 \neq \#D_1$ であり自然に得られるデータは不均衡データとなります。他にはインターネット広告のコンバージョンやクリックの予測タスクなども、自然に得られるデータが不均衡データであるような分類問題の一例です。

4.5.2 不均衡データの問題点

不均衡データのどこが問題となるのでしょうか。例えば $S = \{0, 1\}$ の2値分類の問題で、$\#D_0/\#D = 0.001, \#D_1/\#D = 0.999$ のようにラベル $y = 1$ に対するサンプルが極端に多い例を考えてみましょう。この場合、すべての x に対して、

$$q(y = 0 \mid X = x) = 0$$
$$q(y = 1 \mid X = x) = 1$$

と定めるような全く自明な分類モデル、つまり必ず予測されるラベルが1であると返すモデルの正解率が高くなってしまいます。実際0.999となり、ラベルが見かけ上優れたモデルであると判断してしまう恐れがあります。

これは、上記のような自明なモデルを恣意的に作った場合に限りません。多くの分類問題ではパラメータθを持ったモデル$q_\theta(Y = y \mid X = x)$を用意して、真の分布$p(Y = y \mid X = x)$の近似を行います。その近似の尺度となる損失関数として、負の平均尤度関数、

$$L(\theta, D) = -\frac{1}{N} \sum_{(x_i, y_i) \in D} \log q_\theta(Y = y_i \mid X = x_i)$$

が最も一般的でした。この式は特に$S = \{0, 1\}$の2値分類の問題の場合、

$$L(\theta, D) =$$
$$-\frac{1}{N} \left(\sum_{(x,0) \in D_0} \log q_\theta(Y = 0 \mid X = x) + \sum_{(x,1) \in D_1} \log q_\theta(Y = 1 \mid X = x) \right)$$

のように書き下すことができます。ラベルによらず$\frac{1}{N}$が掛けられているため、片方のラベルに属するサンプルの数に偏りがあるとそれに伴って各サンプルの損失関数への寄与が小さくなることがわかります。結果として、例えば上記のようにD_1のサンプルが極端に多い場合は、学習の結果自明なモデルに陥りやすいことがわかります。

🧊 4.5.3　基本的な対処法とその実装

不均衡データを扱う際の最も基本的な対処法として、複数の評価指標を使ってモデルを評価することが挙げられます。例えば上記の例の場合、ラベル$y = 0$に対する再現率は0.0となるため、自明で無意味なモデルであることを精度評価の段階で検出することができます。

その他のscikit-learn等で実装可能な基本的手法（なお、理論的にはダウンサ

サンプリング法[7]をバギングと組み合わせるのがよいという研究結果もあります[8]として、次項のようなものが挙げられます。

4.5.4　サンプルの重みの変更

まず第一にサンプルの重み、つまり各サンプルの損失関数への寄与度を調節する方法があります。より具体的には、各サンプル$(x_i, y_i) \in D$に対して重み$w_i \in \mathbb{R}$を用意し、それにより重みを付けられた損失関数、

$$\tilde{L}(\theta, D) = -\frac{1}{N} \sum_{i=1}^{N} w_i \log q_\theta(Y = y_i \mid X = x_i)$$

の最小化を行います。w_iの決め方として例えばラベルの比率の逆数、

$$w_i := \frac{\#D}{\#D_{y_i}}$$

があります。この場合、属するサンプルの数が多いラベルほど損失関数への寄与が小さくなり、逆に属するサンプルの数が少ないラベルほど損失関数への寄与が大きくなります。

scikit-learnでは、一部のクラスでサンプルの重みの指定が可能です（ **リスト4.52** ）。例えばsklearn.linear_model.SGDClassifierのfitメソッドのパラメータの1つであるsample_weightに重みを渡すことができます。上記の例のような、ラベルによってサンプルの重みを決定する場合はsklearn.linear_model.SGDClassifierクラスのコンストラクタにclass_weight変数を渡すことで簡単に指定することができます。

---

[7]　すべてのラベルに属するサンプルの数を等しくするために、多数派のラベルのサンプルからランダムにデータを抽出し、少数派のラベルのサンプルに合わせる手法。アンダーサンプリングとも呼ばれます。

[8]　『Class Imbalance, Redux』(Byron C. Wallace, Kevin Small, Carla E. Brodley, Thomas A. Trikalinos, 2011 IEEE 11th International Conference on Data Mining, IEEE, 2011)

In

```
import numpy as np
from sklearn import linear_model

N = 100

X = np.random.normal(0, 1, (N, 10))
y = np.array([np.random.randint(0, 2) for _ in range(N)])
np.random.shuffle(y)

class_weight = {
    0: len(y) / len(y[y == 0]),
    1: len(y) / len(y[y == 1])
}

clf = linear_model.SGDClassifier(
    alpha=0.01, max_iter=100, class_weight=class_weight
)
clf.fit(X, y)
```

Out

```
SGDClassifier(alpha=0.01, average=False,
        class_weight={0: 2.127659574468085, 1:
1.8867924528301887},
        epsilon=0.1, eta0=0.0, fit_intercept=True, ➡
l1_ratio=0.15,
        learning_rate='optimal', loss='hinge', ➡
max_iter=100, n_iter=None,
        n_jobs=1, penalty='l2', power_t=0.5, ➡
random_state=None,
        shuffle=True, tol=None, verbose=0, ➡
warm_start=False)
```

データの集計・整形

4.5.5　ダウンサンプリング法

サンプルの重みを変更する方法は直感的にもわかりやすい方法ですが、適切さを決定するのは難しい問題です。ダウンサンプリング法ではすべてのラベルに属するサンプルの数が等しくなるように、つまり均衡データとなるようにランダムに抽出（サンプリング）を行います。ダウンサンプリング法は最も基本的かつ頻繁に使われる手法です。ダウンサンプリングを行ってもなお十分に訓練データのサンプル数が稼げる場合のみ利用すべき（そうでないような不均衡データはそもそも機械学習には適さない可能性が大きい）ですが、各ラベルの損失関数への寄与が均等になるため、非常に問題がわかりやすくなります。

例えば、Pythonでは リスト4.52 のようにしてダウンサンプリングを行うことができます。

リスト4.52　ダウンサンプリング法の例

In

```python
import numpy as np
import random

N = 100

X = np.random.normal(0, 1, (N, 10))
y = np.array([np.random.randint(0, 2) for _ in range(N)])
np.random.shuffle(y)

y_0 = y[y == 0]
n_0 = len(y_0)

y_1 = y[y == 1]
n_1 = len(y_1)

if n_0 < n_1:
    y_1 = y_1[random.sample(range(0, n_1), n_0)]
else:
    y_0 = y_0[random.sample(range(0, n_0), n_1)]
```

INDEX

PROFILE 著者プロフィール

大曽根 圭輔（おおそね・けいすけ）

筑波大学大学院システム情報工学研究科博士後期課程修了。博士（工学）。2012年に株式会社サイバードに入社し、データ分析部門立ち上げ等を担当。2015年に株式会社Gunosyに入社、アルゴリズム開発やユーザ行動分析、グノシー事業の責任者を担当。データ可視化が好きで、業務外の活動で「STAT DASH グランプリ2016」総務大臣賞、第14回日本統計学会統計教育賞などを受賞。

関 喜史（せき・よしふみ）

富山商船を卒業後、東京大学工学部に編入学。同大学院工学系研究科博士課程修了。博士（工学）。2011年度未踏OB。未踏ジュニアPM。大学院在籍中にGunosy（グノシー）を共同開発し、2012年に当社創業。 創業期からニュース配信ロジックの開発を担当し、現在は研究開発に従事。2017年度言語処理学会論文賞受賞。推薦システム、ユーザ行動分析が専門。でんぱ組.incさんと道重さゆみさんが好きです。

米田 武（よねだ・たけし）

1992年生まれ。2015年3月筑波大学理工学群数学類卒業、2017年3月大阪大学大学院理学研究科数学修了。理学（修士）。Certified Kubernetes Application Developer（CKAD）。AWS Summit Tokyo2018登壇。2017年4月に株式会社Gunosyにデータ分析エンジニアとして新卒入社後、現在は推薦システムの設計からアルゴリズムのデザインのみならず、インフラ構築を含めたサーバーサイド全般に従事。好きなプログラミング言語はGo言語。

装丁・本文デザイン	大下 賢一郎
装丁写真	iStock / Getty Images Plus
DTP	株式会社シンクス
校正協力	佐藤弘文、 武田 守
検証協力	深田修一郎

現場で使える！ Python機械学習入門

機械学習アルゴリズムの理論と実践

2019年 5月24日　初版第1刷発行

著　者	大曽根 圭輔 (おおそね・けいすけ)
	関 喜史 (せき・よしふみ)
	米田 武 (よねだ・たけし)
発行人	佐々木幹夫
発行所	株式会社翔泳社 (https://www.shoeisha.co.jp)
印刷・製本	株式会社ワコープラネット

©2019　Keisuke Osone, Yoshifumi Seki, Takeshi Yoneda

ISBN978-4-7981-5096-3
Printed in Japan